馆校结合系列科普读物

走向地球

遇见天空中最亮的星

湖南省地质博物馆 编

中南大学出版社
www.csupress.com.cn

图书在版编目(CIP)数据

大问地球／湖南省地质博物馆编. —长沙：中南
大学出版社，2022. 10
ISBN 978-7-5487-4976-9

Ⅰ. ①大… Ⅱ. ①湖… Ⅲ. ①自然科学－少儿读物
Ⅳ. ①N49

中国版本图书馆 CIP 数据核字(2022)第 112633 号

大问地球
DAWEN DIQIU

湖南省地质博物馆　编

□出 版 人　吴湘华
□责任编辑　伍华进
□责任印制　唐　曦
□出版发行　中南大学出版社
　　　　　　社址：长沙市麓山南路　　　　邮编：410083
　　　　　　发行科电话：0731-88876770　　传真：0731-88710482
□印　　装　湖南鑫成印刷有限公司

□开　　本　787 mm×1092 mm　1/16　□印张 9　□字数 249 千字　□插页 8 张
□版　　次　2022 年 10 月第 1 版　　□印次 2022 年 10 月第 1 次印刷
□书　　号　ISBN 978-7-5487-4976-9
□定　　价　98.00 元

古今中外，关于宇宙探秘、地球探索等的各种自然科普类读物可谓是汗牛充栋、浩如烟海。在信息化高度发达的今天，不管你脑海里有再多的"为什么"，都可以从互联网上检索到千奇百怪的答案。但是，人的精力终究是有限的，特别是青少年，在繁重的学业之外可以支配的读书时间更是极为宝贵。作为一家省级地质博物馆，为入馆参观体验的孩子们量身打造一套有料又有趣的科普书，是我们多年来的夙愿。

那么，怎样才能编出一部既受孩子们喜欢，又能得到家长和专家认可的作品呢？带着这个问题，我们的编撰人员做了大量的资料比选和社会调研，他们深入中小学，与老师、同学们进行广泛交流，他们走进入馆参观的人群中向家长、孩子们了解需求，他们向相关高校、院所、出版社和博物馆的专家、教授认真请教。随着一场又一场的调研论证，一轮又一轮的头脑风暴，思路越来越清晰，终于找到了一条别开生面的路径，那就是：**立足地学科普，结合馆校需求，以激发青少年好奇心和探索欲为核心，大手牵小手，专业加想象，共同创作一套有内涵无边际、有标准无定式、有目标无期限的开放式科普丛书。**

好奇心是人类探索未知的原动力，是孩子最宝贵的天赋，是孩子进入科学世界的敲门砖、金钥匙，也是培养未来科学家的起点。习近平总书记曾在2020年9月召开的科学家座谈会上指出："好奇心是人的天性，对科学兴趣的引导和培养要从娃娃抓起，使他们更多了解科学知识，掌握科学方法，形成一大批具备科学家潜质的青少年群体。"爱因斯坦也曾说过："我没有特别的天赋，我只是有强烈的好奇心。"面对充满未知的世界，哪个孩子不是天生的"十万个为什么"？谁的少年时期没有对大自然的奥秘讶异和着迷过？"大问地球"这套书就是把保护和激发青少年的好奇心放在首位，敞开想象，让孩子们自己问自己答，一人问多人答，全书收录的所有问题都是来自孩子们的真实提问。在孩子们头脑风暴的基础上，再由专家对相关领域的科学问题给出最新最权威的知识点，进一步引导孩子们不断思考和探究。

正是基于这些考量，"大问地球"的编撰者也是一支年轻精干的团队，他们均是湖南省地质博物馆地质、天文、古生物等领域的青年专家，既有扎实的理论功底，又有多年青少年科普教育实践，非常了解孩子们的"口味"。由于该书的编撰是一次全新的探索和尝试，离我们的初衷和大家的期待还有一定差距。但是，凡事总要迈出第一步，我们也希望借此收集老师、家长和孩子们更多的宝贵意见，让我们一起把这套书编得越来越好，让它真正成为孩子们自己的书！

黄远峰

黄远峰
湖南省地质博物馆馆长

湖南省地质博物馆馆长，
主编"大问地球"系列

钟琦
湖南省地质博物馆副馆长

湖南省地质博物馆副馆长，
主编《遇见天空中最亮的星》

龚淼
湖南省地质博物馆科教部部长

湖南省地质博物馆科教部部长，
主编《遇见化石明星》

专家介绍
EXPERT INTRODUCTION

俞天石

湖南省地质博物馆展陈部部长

湖南省地质博物馆展陈部部长，
主编《遇见地球宝藏》

旷倩煜

湖南省地质博物馆科教部副部长

湖南省地质博物馆科教部副部长，
主编《遇见地球造型师》

目录 CONTENTS

你敢问我敢答

遇见天空中最亮的星

为什么月球上有那么多环形山，地球上却没有？

—— 方陈兴宇 14岁 男 长郡外国语实验中学

钟老师答： 月球上的环形山绝大部分是由陨石撞击形成的。月球上现存环形山的直径大多在几千米到数百千米不等，还有一些古老的超大型环形山，最初的直径可达上千千米，但由于当时的撞击太过猛烈，月幔物质溢出，逐渐填充了撞击坑，外加后续数十亿年的其他撞击，这些古老的环形山逐渐演化成了月面上的其他地貌，如山脉、盆地等。

月球由于陨石撞击而产生了大量的环形山，地球上的环形山却似乎屈指可数，是因为月球牺牲自己，为地球挡住了这些不速之客吗？并非如此！地球体积是月球的49倍，表面的引力是月球表面的6倍，受到的撞击要比月球更多更猛烈。而地球上之所以没有那么多陨石坑，是因为地球上有水、空气和强烈的地质运动。雨水冲刷、大风吹拂，在漫长的时间里逐渐把地球上的陨石坑给填平了，所以地球上看不到那么多陨石坑。月球上由于没有水和空气，且地质活动在很久以前便停止了，所以几十亿年前的陨石坑仍然保存得很好。即使是阿波罗号宇航员登月时在月球上踩下的脚印，也能保存几亿年呢。

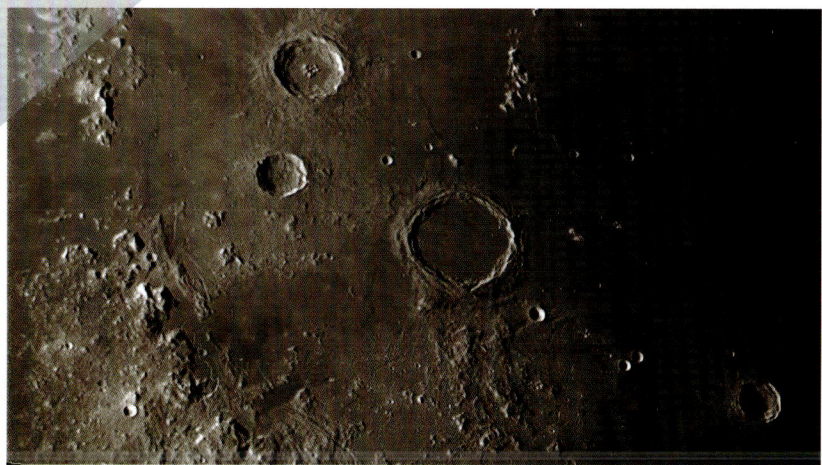

月球环形山

地球是如何产生的，又为什么会运动？

—— 李昊　14岁　男　长郡滨江中学

提问

钟老师答： 回答这个问题，需要让我们体验一趟从50亿年前开启的旅程。那时，太阳系还是一块巨大的不规则星云，星云中物质分布并不均匀，一些较密集的物质团有着更大的引力，便吸引了更多的气体和尘埃持续堆积，导致这些物质团越来越大。在星云的中心，有着一个密度最大、引力最强的物质团，吸引了大量的气体和尘埃堆积在一起，它就是后来的太阳。在外围的物质团由于质量较小，最终便形成了行星，我们的地球就是其中之一。而在这个过程中，还发生了另一件事：由于星云中心的引力作用，物质都开始沿着各自的方向围绕着中心旋转，但朝某一个方向旋转的趋势最大，于是，沿其他方向旋转的物质便逐渐由于相互碰撞而减少。最终，几乎所有物质都在同一平面上，沿同一方向绕中心旋转。这种旋转具有惯性，在地球形成很久之后也一直未能停止，体现出来的便是地球的公转。而这种惯性其实就是物理学上角动量守恒定律的体现。

自转形成的原因与公转类似。在地球形成的区域，由于还受到来自行星物质团的引力作用，周围的物质便在环绕星云中心旋转的同时，开始绕着这个区域旋转，这种小规模的旋转同样由于这种惯性保留了下来，形成了地球的自转。由于太阳系中其他大行星的形成过程与地球类似，所以都具有自转和公转。甚至在其他的行星系统中，公转与自转的现象同样存在。

地球自转造成星星绕天极旋转

但目前，人们对于太阳系的具体形成过程还有许多疑问，很多理论都还是假说，以上也只是目前最受欢迎的说法。同时，行星的自转和公转还受到许多其他因素的影响，一些小天体的自转原因甚至与大行星完全不同。许许多多的疑问，让我们意识到，人类对宇宙的探索之旅还有很远。

夜空中是不是只有12个星座？星座是怎么来的？

—— 唐欣妍 7岁 女 湘潭县易俗河镇百花小学

钟老师答： 夜空中当然不止12个星座，我们常说的十二星座是指黄道十二星座。但其实全天一共有88个星座，除去靠近南天极的部分星座外，在湖南我们能看到60多个星座。星座也是科学家对天空区域的划分。星座发源于古巴比伦，人们为了便于记忆，将星空分为了许多个区域，即最早的星座。不过那时的星座不多，一共只有30多个。而黄道上的十二星座最开始其实是用来计量时间的。

古巴比伦文化传到古希腊以后，古希腊天文学家对最早的星座进行了补充和发展，汇编出古希腊星座表。公元2世纪，古希腊物理学家托勒密编制了48个星座，并用假想的直线将星座内的主要亮星连起来，想象成动物或人物的形象，结合古希腊的神话故事给它们起名。但是古希腊的48个星座大都居于北方天空和赤道南北两侧附近，更南方的星空，当时的希腊人并没有观测过。那南方的星座是谁提出来的呢？最早观测南方星空的天文学家就是大名鼎鼎的埃德蒙·哈雷。哈雷早年酷爱环球冒险，20岁毕业于牛津大学后放弃了获得学位的机会，去圣赫勒拿岛建立了一座临时天文台，编制了第一个南天星表，并于1678年出版，当时哈雷才22岁。

1922年，国际天文学联合会召开大会决定将天空划分为88个星座，其名称基本依照历史上的名称。1928年，国际天文学联合会正式公布了88个星座的名称。这88个星座分成3个天区，北半球29个，南半球47个，天赤道与黄道附近12个。

夜空中的星座

太阳有多大？太阳系有多大？

—— 赵思漪 8岁 女 长塘里小学

提问

钟老师答： 太阳，在地球上看起来并不觉得大，但实际上它是太阳系绝对的霸主，太阳的直径达139万千米，是地球直径的109倍，体积则是地球的130万倍，若把太阳比作篮球，那么地球比一颗普通的绿豆还小。太阳的质量乍一看也大得吓人，是2×10^{30}千克（即2后面跟30个0），如果把太阳系除太阳以外的所有物质加起来，都只有太阳质量的0.1%。但远观整个银河系，太阳也只是一颗质量较小的、普普通通的恒星。

太阳系行星轨道示意图

关于太阳系的大小，从古至今一直没有定论。在天文望远镜诞生之前，人们只能通过肉眼观测，那时候的人们认为土星就是太阳系的边缘。天文望远镜诞生之后，随着人类科技的进步，不断有新的太阳系天体被发现，天体距离太阳也越来越远，太阳系的大小就成了一个谜题。不过天文学家们通过计算，估计太阳系的直径大约为两光年！

太阳与八大行星真实比例示意图

土星为什么有光环？其他行星都没有吗？

—— 周煦博 13岁 男 长沙市湘郡培粹实验中学

钟老师答： 土星，望远镜里最漂亮的仔，它精致的光环是太阳系独一无二的。关于光环的形成，天文学家们也一直在探索。直到最近几十年，人们发射的几个探测器发现，土星环的形成最有可能是因为土星的一颗卫星由于一场"交通事故"被撞击成了无数的小碎块，在之后漫长的时间里，这些小碎块均匀地分布到了土星的周围。这些小碎块几乎全是由冰组成的。土星的光环占据了土星周围巨大的面积，其主要区域始于土星赤道上空7000千米处，一直延伸到80000千米远。但是它的平均厚度只有10～20米。

1675年，法国天文学家卡西尼发现土星光环中间有一道缝隙，后来人们把这道缝隙命名为"卡西尼环缝"，它是土星光环中最大的环缝。

其实木星、天王星、海王星都有光环，只是它们的光环都不是很明显，在地球上用望远镜不能直接观测到，只有在一些特殊情况下才能被间接观测到。

土星

为什么古代的北极星与现在的北极星不是同一颗？

—— 刘青宸 10岁 女 大同小学

钟老师答： 我们现在看到的北极星，是位于小熊座的"勾陈一"，现代天文学家也称它为小熊座α(中文译音读作阿尔法)。而5000年前，北极星其实是现在的天龙座α。

导致北极星更替的主要原因，是一种被称为岁差的现象。小朋友们都见过陀螺吧？在玩陀螺时，你有没有注意到，陀螺除了绕自身的一根自转轴做高速旋转，它的倾斜方向也一直发生着变化？自转着的地球就好比旋转着的陀螺，地轴会绕着另一根与之相交的轴不停旋转，即地轴的指向会不断改变。所以，"北极星"这个称号的拥有者也会不断更替。过去如此，将来也如此，在大约12000年后，如今的织女星，将取代勾陈一的位置，成为新的北极星。

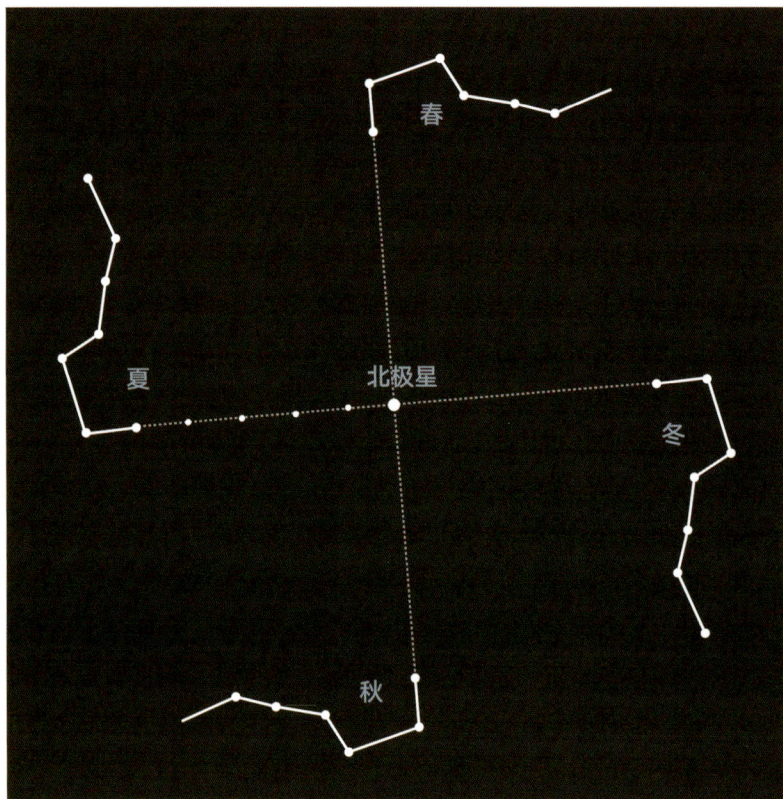

春

夏

北极星

冬

秋

现代北极星位置示意图

小行星、彗星、流星它们有什么关系吗？这些小天体会撞到地球吗？

—— 杨有涵 17岁 男 长沙市明达中学

钟老师答： 太阳系除八大行星外，还有很多很多小天体。体积比较小的一些行星我们就称之为小行星，这些小行星可以说是分散在整个太阳系，不过它们大多数集中在火星和木星轨道之间的小行星带，以及冥王星轨道附近的柯伊伯带。彗星，它们一般都拖着长长的尾巴，看上去有点像扫把，所以古人把它叫作扫把星。有人把扫把星看作不祥之兆，这是不对的，是没有科学道理的。彗星的运行轨道一般都很扁平，彗星离太阳很远的时候看上去只是一个云雾状的小斑点，当它慢慢接近太阳时，受到太阳辐射和太阳风的影响，其表面的物质会慢慢地蒸发，形成漂亮的彗尾。在晴朗的夜空中，经常会看到流星划过天空。这些流星体一般都很小，在还没有到达地面之前就燃烧殆尽了。一些稍微大一点的会落到地面形成陨石。而流星雨，就是在某段时间里有比较多流星体闯入地球而形成的。这些流星体一般是彗星经过地球轨道附近留下来的。

如果有一颗直径超过100米的小天体撞向地球的话，我们就要当心了，它会给我们带来不小的灾难。科学家们认为6600万年前恐龙的灭绝，就是一颗直径大约为10千米的小行星撞击地球导致的。所以现在的天文学家们也一直在关注着地球附近的一些小天体，监视着它们会不会撞向地球。

恐龙灭绝模拟图

日食、月食是怎么形成的?

—— 谭恺轩 11岁 男 长沙市雨花区和平小学

提问

钟老师答: 日食和月食是我们比较熟悉的天象,它是由于太阳、地球和月球在运动过程中相互遮挡而发生的现象。当月球运动到太阳和地球之间,且三者恰好或几乎在一条直线上时,太阳照向地球的光线被月球遮挡住一部分或者全部遮挡,在地球上就能看到日食。日食分为三种,日全食、日环食和日偏食。之所以有全食和环食之分,是因为一个非常巧的现象:太阳直径比月球大400倍左右,而太阳刚好又比月球离地球远400倍左右,所以在地球上看上去,太阳和月亮差不多一样大。当月球离地球稍微

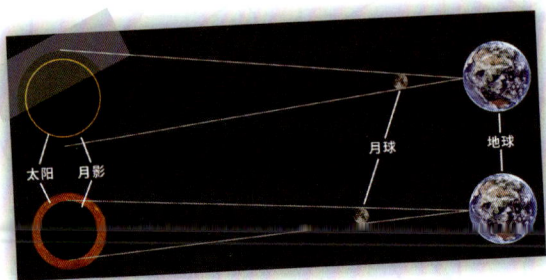

日环食示意图

远一点时,月球看上去比太阳小一点点,它就不能完全挡住太阳,所以就形成了日环食;当月球离地球稍微近一点点时,月球看上去就和太阳一样大甚至更大一点点,这个时候它就能完全挡住太阳形成日全食。

明白了日食产生的原理,月食就好理解了。当地球在太阳和月球之间,且三者恰好或几乎在一条直线上时,照在月面上的太阳光被遮挡住一部分或者全部被遮挡,在地球上就能看到月食。但月食只有月全食和月偏食,没有月环食,因为地球直径将近是月球的3.7倍,地球在月球轨道上形成的阴影要比月球本身大很多,所以只能形成月全食,没有月环食。

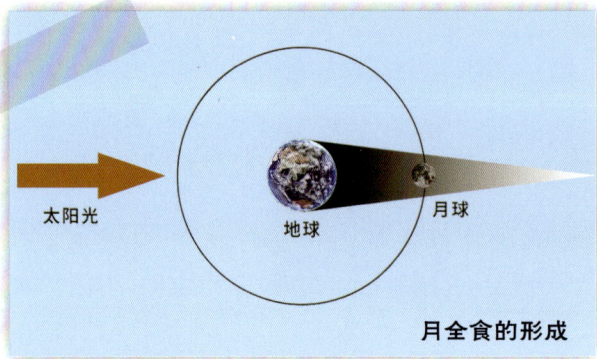

月全食的形成

讲到这里细心的朋友就会产生疑问:月球每个月都会绕地球转一圈,那应该每个月都会有日食和月食呀!的确,每个月月球都会运动到太阳和地球之间,与此相隔半个月,地球也会在太阳和月球之间,但它们不是每次都能恰好几乎在一

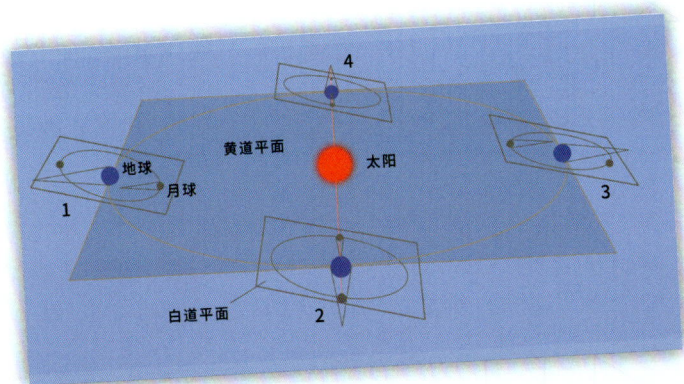

条直线上。这是因为月球绕地球的轨道面（白道平面）和地球绕太阳运行的轨道面（黄道平面）不是重合的，它们之间有5°的夹角。如左图所示，只有地球运动到2、4附近时，才有可能发生日食和月食。我们把这几个月称为"食季"。

为什么人们有时候白天也能看到月亮？

—— 王语珊 7岁 女 桂花树小学

—— 王语珊 7岁 女 桂花树小学

钟老师答： 首先我们需要明白，"月亮只有晚上能看到"是不对的。月亮是地球的卫星，它本身是不发光的，我们看到的亮光是月亮反射的太阳光。由于地球公转、自转以及月球公转，月球、地球和太阳之间的角度是时刻在变化的。有些时候我们虽然在白天，月亮也会运行到我们的上方。这时只要天气晴朗，我们就能够看到月亮。

在这里，我还要教大家一个有趣的方法。我们打开日历，观察农历的数字。每个月的农历初七到十三是最容易在白天看到月亮的。这是因为中国农历是阴阳合历，也就是参考了月亮的阴晴圆缺和运动规律制定的。每个农历月的初七到十三，月球在天空上看起来离太阳的距离不远也不近。如果月亮离太阳太近了，太阳的光线太刺眼，就无法在白天看到月亮；反之，如果太远了，月亮要等到太阳落山之后才升出地平线，我们也无法在白天看到月亮。

遇见天空中最亮的星 ⌄

人类诞生距今大约有400万年的历史了，但在宇宙138.2亿年的时光中，我们似乎还只是微不足道的一瞬。如今我们的科技发展日新月异，宇宙飞船已飞抵太阳系的外围，正朝着宇宙深空进发，但是相对于目前可观测直径达900亿光年的宇宙，我们似乎还仅仅在家门口打转。

茫茫宇宙无边无际，我们生活的银河系也只是一个迷你的宇宙岛，但即使是银河系中，像太阳这样巨大而明亮的恒星也超过4000亿颗，而每一颗恒星的周围又有多少个像地球一样的世界？这个问题可能连最博学的天文学家也没办法说清。

宇宙中到底有多少颗星星，迄今为止我们还没有答案，但天空中我们肉眼能看到多少颗星星，却早有天文学家数过。一般来说，一个视力正常的成年人，在一个无月的夜晚能看到大约3000颗星星，而遍布全天肉眼可见的星星一共有6000多颗。当然，在我们肉眼看来，全天最亮的星星，就是我们头顶的太阳。

太阳的色球层图像

太阳：全天最亮的天体

太阳是全天最亮的天体，视亮度达到了-26等，是我们头顶天空中不折不扣的霸主。这里的"等"是指星等，是天体亮度的计量单位，星等值越低，表示天体越亮。太阳的万丈光芒让很多小朋友都不把它当星星来看，但实际上太阳确实是离我们最近的一颗恒星！

太阳的光和热主要来自它内部的氢氦聚变，由质量转化为能量。而太阳每秒钟损失掉的质量就超过500万吨，释放的能量相当于数百亿颗原子弹爆炸产生的能量。而这样的燃烧将持续大约100亿年的时间，如今，太阳已经燃烧了约50亿年，它还能继续照耀太阳系同样长的时间。在太阳生命将要终结的时刻，它将演化成一颗红巨星，体积急剧膨胀，届时，太阳的表面可能接近地球轨道，甚至将地球吞没。最终，太阳的大气逐渐消散，形成行星状星云，而核心会演化成一颗白矮星，在耗尽最后的余热后，逐渐熄灭。

太阳虽然只是宇宙无穷无尽的恒星中的一颗，却是地球上所有生命的生存根基。地球上的气候之所以温暖平和，而未淹没于宇宙的严寒之中，就是因为太阳为地球提供了热量。我们地球上的植物之所以能够进行光合作用，从而繁茂地生长，给我们和其他动物提供食物，正是因为太阳散发出的光芒中，蕴含着万物生存所需的最原始的能量。如果没有了太阳，地球将变成一颗死寂的星球，我们将永远生活在黑夜之中。更可能的是，我们人类根本就不会出现在地球之上，甚至连最简单的生命都难以产生和存活。

太阳不仅为地球上的生物提供能量，还是人们计量时间的重要依据。日出而作，日入而息，昼夜的交替成为人们生物节律的基础，通过太阳来计时，不失为一种极其自然的计时方式。人类利用太阳计时的典型例子就是日晷，它由一个刻度盘和一根晷针组成，通过晷针在刻度盘上投影的位置读出时间。我国最早对日晷的记录出现在2900年前的周朝，古巴比伦在6000年前便开始使用日晷，在世界其他文明中，也发现了对日晷的记录。太阳的升落，让人类对时间有了最初的理解。

太阳作为一颗离我们最近的恒星，在我们看来，实在是太亮了，当它一出现，便掩盖了其他所有天体的光芒。而在太阳落山之后，能在夜空中"散发"出最耀眼的光芒的天体，非月球莫属了。

月球：夜空中最亮的天体

月球的视亮度最高可达-12.6等，是全天第二亮的天体，也是夜空中最引人注目的天体，或如银盘，或如蛾眉。虽然由于月球绕地球公转，我们并不能每天晚上都见到月亮，但若其出现在夜空当中，它的光辉足以让其他星辰黯然失色。月球距离地球约384000千米，在阿波罗计划中，宇航员从地球到月球需要约4天的时间。月球算不算一颗星星？当然算！月球是地球目前唯一的一颗天然卫星，在地球漫长的岁月中一直陪伴着地球，不离不弃。

月球上没有生命，因为月球上既没有液态水也没有空气能支撑生命的存在。但在2018年，科学家们确认在月球南北极存在水冰，虽然已探明的量不大，但可能只是冰山一角，这可能为未来人类在月球长期驻留提供重要的水资源。月球的自转和公转周期相同，约27天，所以月球总是将同一面朝向地球，另一面永远背离我们。

如此长的自转周期，也导致月球同一地点白昼时间非常长，能被太阳加热到很高的温度，另外由于没有大气的保温作用，到了夜晚热量便很快流失，所以月球表面温度的变化非常大，白天有超过120度的高温，夜晚温度则会降到零下180度。

城市上空的满月

月球对地球的运动、生态、气候都有很大影响，我们可以通过假设月球消失，推测会发生什么来理解这一点。月球的引力维持着地球上潮汐的存在，若月球消失，月球施加的引力随之消失，地球上原本的潮汐会回落，海水在地表重新分布，这会带来全球性的巨大海啸，生活在岸边的人类和其他生物将会遭受灭顶之灾。在海水恢复平静之后，潮汐将会变为原来的三分之一，因为这时只有太阳的引力在拉动潮水了。

在月球消失之后，地球上的夜晚将变得漆黑，只有星星微弱的光。月球是夜空中最亮的天体，在许多没有人类灯光的地方，月亮的光芒提供了重要的照明功能。没有了月亮，非洲大草原的鬣狗会很难在夜晚追逐猎物；雨林里的昆虫在夜间飞行时无法确认方向；澳大利亚的红蟹也无法确定正确的迁徙时间。失去月亮，会对地球上的生物产生巨大的影响，有一大批动物会因为月亮的消失而数量骤减。

地球由于有月球这个卫星，能够始终保持大约23°的黄赤交角。这个角度的存在使得地球上有春夏秋冬。月球的突然消失不会对地球上的季节产生瞬时影响，但会在未来的数百到几千年内使得地球的气候变得越来越不稳定，有时候炎热，有时候极端寒冷，人类将需要在更复杂的气候条件下生存。

月球作为地球最近的邻居，人类自古以来便对它的形成非常好奇，现代科学界也对此争论不休。关于月球形成的最早的两种理论，分别是同源说与俘获说。同源说指出，月球和地球是太阳星云中同一时期、同一位置形成的一对"双胞胎姐妹"。俘获说却持有不同意见，支持俘获说的科学家认为，月球和地球形成于太阳星云中完全不同的位置，月球在太阳系流浪的过程中，被地球强大的引力所俘获，从而成了地球的一颗"长相厮守"的天然卫星。

正当支持两个理论的科学家争论不休时，20世纪60年代，人类历史上最伟大的太空探索计划——阿波罗计划开始了。

阿波罗计划一共将6艘飞船、12名宇航员送上了月球表面，并从月球表面带回了总计300多千克的月岩与月壤标本，也正是这些标本将人类对月球的认知刷新了一遍。通过最初的研究，行星科学家们发现这些月岩与在地球深处地幔区域发现的岩石十分的相似。但在更多的科学家细致地研究了月岩后，月球起源问题变得更加复杂。一些科学家发现部分月球样本与地球深部岩石仍有着很大的差别，最关键的是，这一部分月岩当中的同位素组成与地球岩石并不一致。由此，一些科学家推测，在地球生成的早期，有一个相当于火星大小的星球撞击了地球，将地球部分地壳与地幔撞碎飞溅到太空中，而这些碎片后来逐渐聚集便形成了月球。这就是目前科学界著名的月球大碰撞形成说。如果情况的确如此，月球的含铁量将会比地球低，而镁和铝这样的轻元素的含量则会高一些。

当然关于月球的形成目前的科学界还没有定论，45亿7000万年前的地球到底发生过什么，还等着各位小朋友们未来去探索。

若从天文学上说，要论"最亮的星"，太阳和月亮绝对是符合要求的了，但或许还是有人想知道，那些肉眼看起来只是一个个小点的星星中，哪一颗是最亮的呢？其实，由于地球公转，我们每晚同一时间看到的星空都有着微小的差别：同一颗恒星，每天同一时间的位置会比前一天偏西约1°，并且，包括月球在内的太阳系星体，由于与太阳的相对位置变化，其亮度也在不断改变。所以，每个夜晚天空中最亮的星可能都有所不同，但综合来看，夜空中最亮的星一般是指金星。

金星：夜空中最亮的星

金星既是一颗行星，也是夜空中最亮的星，它在夜空中散发着十分耀眼的金光。最亮的时候，金星的亮度可以达到-4.8等，其平均亮度也在-3等至-4等，只要它一出现，就是夜空中最亮的星。

金星是离地球平均距离最近的行星，由于其体积大小与地球类似，所以也被称为是地球的姐妹行星。然而与温柔的地球不同的是，金星的"脾气"相当火爆。金星表面被一层极厚的大气层覆盖，地表气压是地球的92倍，而在这层大气中，约97%的成分是二氧化碳，这使得金星的温室效应非常严重，浓厚的硫酸云层也阻止了地面热量向太空辐射，地表气温达到了400多摄氏度。硫酸云层还反射了大量的太阳光，这就是金星看起来如此明亮的原因之一。

夜空中的金星

在西方世界，金星被认为是爱与美的化身——希腊神话中十二主神之一的女神维纳斯。而在中国，金星被认为是太阳与光明的使者、天帝的代言人，也被称为太白金星。有趣的是，据说历史上著名的大诗人李白出生时，其母亲梦见太白金星投胎到自己的肚子里，所以认为李白就是太白金星转世，这也是李白字太白的原因。

由于金星的轨道位于地球轨道以内，所以在地球上观测金星，我们只能在早晨或者傍晚前后看到它。当金星在早晨出现的时候，我们称之为启明星；而当金星在傍晚出现时，则称之为长庚星。

我们知道，夜空中的星星，绝大部分是恒星，而包括金星在内的太阳系行星，能用肉眼直接看到的，也不过五六颗而已，相比全天能看到的6000余颗星，行星只占极小的一部分。而若问夜空中最亮的恒星是哪颗，恐怕很多人都会猜测是北极星，这实在是对北极星的一大误解。只需稍微扫视夜空，你便会发现许多比北极星亮的恒星，而要认出平均亮度约2等的北极星，还要花一点功夫。毕竟，全天亮度在前二十的星，其星等值都小于1.5等。并且，在湖南地区，北极星的高度角都在30°以下，容易被淹没在城市灯光之中，这让我们更难认为北极星是一颗亮星。

那夜空中最亮的恒星到底是哪颗？它位于天空的什么位置？如果你在冬季夜空的上半夜观测星空，会很容易发现，在东方天空有3颗蓝白色的星星紧挨在一起，连成了一条直线，这就是猎户座的"腰带三星"。顺着这3颗星往东南方向巡视，便可以发现一颗非常明亮的，闪耀着白色光芒的星星，它就是大犬座的天狼星——整个夜空中最亮的恒星，也是全天中除太阳外最亮的恒星。

天狼星：夜空中最亮的恒星

天狼星位于大犬座，也称作大犬座α（译音为阿尔法）星，距离地球8.6光年，亮度-1.45等，暗于金星与木星，绝大多数时间亮于火星。

天狼星并非是一颗独立的恒星。在1844年，德国天文学家贝塞尔提出，天狼星其实是一个双星系统。他根据天狼星的移动路径出现的波浪状图形，推断出它有一颗绕转周期为50年的伴星，于是天文学家们称这个双星系统中已观测到的那颗为天狼星A，称伴星为天狼星B。由于天狼星B太过暗淡，且长期淹没于主星的光辉之中，这颗伴星直到1862年才被美国天文学家A.克拉克用他自制的大型折射式天文望远镜最先看到。

这颗伴星令当时的天文学家们感到非常困惑，因为经计算，它差不多有一个太阳的质量，但大小只相当于一个地球，这说明这颗伴星的密度非常之大，是当时发现的密度最大的天体。直到20世纪初，英国天文学家爱丁顿提出了最初的恒星演化理论后，人们才认识到，这颗伴星是一颗白矮星，是恒星死亡后由其核心演化而来的一类天体。我们常说的天狼星一般指天狼星A，它则是一颗表面温度约为9940K的主序星，也是天狼星双星系统耀眼光芒的主要来源。

天狼星在天空中的位置

天狼星
双星系统
示意图

在我国古代时期，古人们也注意到了这颗亮星，将这颗位于"阙丘"以南，井宿中最为醒目的星称为"狼星"。在过去，这颗星指代入侵的异族，它的明暗变化预示了边疆的安危。因此，为了疆土的安宁，古人在狼星的东南方设立了一把射天狼的弯弓——"弧矢"。这9颗星组成的弓箭十分形象，箭在弦上，弓已拉圆，箭头直指西北方向的狼星。苏轼曾作词对此进行了形象的描述："会挽雕弓如满月，西北望，射天狼。"不过，这个"长弓"的主要作用是对"狼"进行武力威慑，真正"抓捕"的手段还是靠它西边不远处的"军市"十三星围成的一个"捕狼陷阱"。为了引诱"天狼"前来，"猎人"还专门在陷阱中放置了"野鸡"一星作为诱饵。

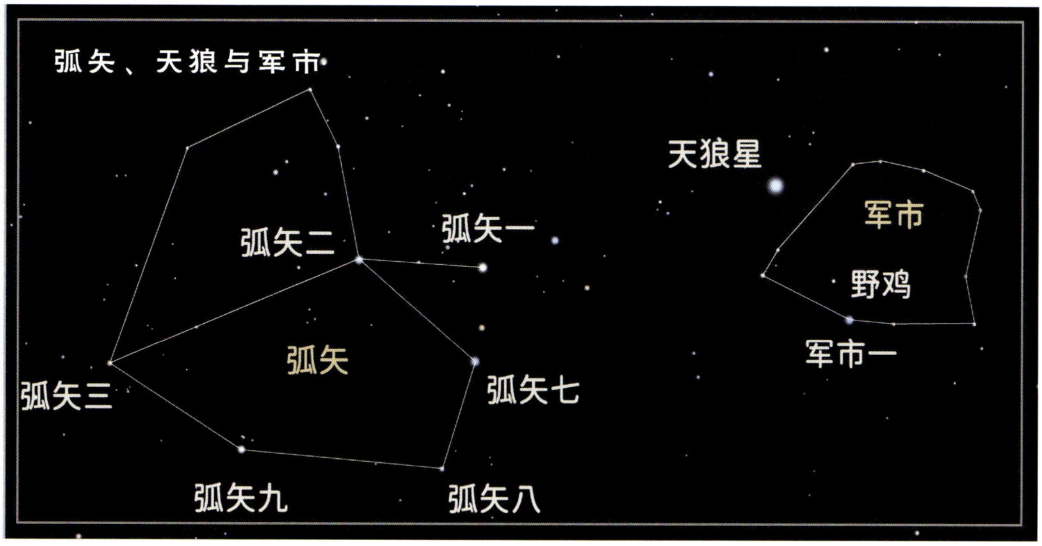

弧矢、天狼与军市

天狼星

军市

野鸡

弧矢二 弧矢一

弧矢

弧矢七

军市一

弧矢三

弧矢九 弧矢八

此外，天狼星与猎户座的参 (shēn) 宿 (xiù) 四、小犬座的南河三组成了著名的"冬季大三角"，在冬季星空中熠熠生辉。

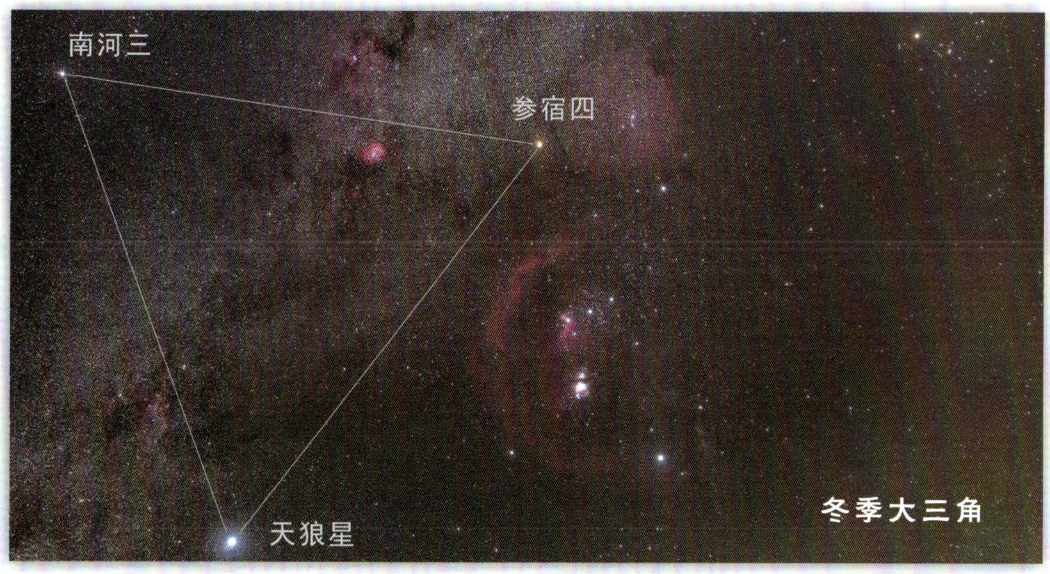

南河三

参宿四

天狼星

冬季大三角

不过讲到这，太阳、月球和金星都只是太阳系内的天体而已，天狼星虽在太阳系外，但与地球之间8.6光年的距离，在宇宙中也并不算遥远，我们觉得它们很亮，最主要的原因是它们离我们非常近。但如果我们将宇宙中目前已测得详细数据的所有恒星等量齐观，将它们放在同样远处观察，那么也只有这一颗编号为R136a1的恒星，才真的称得上是"夜空中最亮的星"了。

R136a1:宇宙中最亮的恒星

R136a1恒星位于大麦哲伦星系的蜘蛛星云中，是靠近剑鱼座30复合体的R136超星团中的成员。

1960年，一些在比勒陀利亚天文台工作的天文学家对大麦哲伦星云的亮度和明亮恒星的光谱进行了测量，发现了其中有一个位于蜘蛛星云中的编号为R136的明亮物体。随后的观察表明，这个物体——R136位于一个超星团的中心，哈勃望远镜在其27.2光年的范围内发现了超过3500颗年轻的巨型恒星。1979年，天文学家根据欧洲南方天文台的3.6米望远镜的观测数据，将R136划分成三部分：R136a、R136b和R136c。当时R136a的确切性质尚不清楚，天文学家对此进行了激烈的讨论。最终，天文学家维格尔特和贝尔在1985年提供了R136a是一个星团的第一证明。他们利用散斑干涉技术，证明了R136a是一个在1角秒的天区内由8颗星组成的星群，而R136a1似乎是最明亮的。终于，在2010年，R136a1被正式公认为已知的质量最大和最明亮的恒星。

R136a1的光度约为太阳的8710000倍，它在5秒的时间里散发的能量相当于太阳一年散发的能量总和，因此它的表面温度非常高，有46000K。R136a1的直径也极大，尽管存在争议，但最新数据显示它的半径为28～36倍太阳半径。如此高的亮度和温度，意味着它会很快消耗掉自身的物质，它的寿命，也只有短短的数百万年。同时，这还意味着，就算有条件适宜的行星围绕着它，也没有足够的时间演化出生命。在R136a1消耗完自身绝大部分燃料后，等待它的，将是一场宇宙级别的大爆炸。

截至2021年，质量最大的恒星是R136a1，天鹅座OB2-12、海山二这些大质量恒星和R136a1相比都相形见绌。在未来科技更发展的时代，说不定能发现比R136a1更亮、质量更大的恒星，人类对宇宙的认识也将更加深刻。至此，要选出"天空中最亮的星"的任务可以说已经完成了。看到这，小朋友们可能会问，天空中难道只有太阳、月亮和一群看起来只是一个个小点的星星吗？要真是如此，那夜空实在是太过单调了。实际上，宇宙中各类天体丰富多彩，其中最漂亮、最具代表性的两类就是星团和星云了，那它们当中，最亮的又是谁呢？

让我们首先来了解一下什么是星团。星团是指一群相互之间存在物理联系的恒星。若说银河系是恒星的国度，那星团就是恒星的家。星团一般分为两类：恒星数量少，结构相对松散的叫作疏散星团；恒星数量众多，一般由几万、几十万颗恒星聚拢在一起，整体呈球形的，称为球状星团。

科学上对星团的研究是非常热门的一件事。由于星团内的恒星是在同一星云物质中几乎同时形成的，它们几乎拥有着同样的年龄、金属丰度，所以研究星团对研究恒星的演化有着非常重要的意义。

在观测上，星团也是非常美丽的目标，疏散星团形态各异，而球状星团更像是一个储满钻石的玻璃球。然而由于大多数星团都距离我们十分遥远，在地球上观测都非常暗淡，因此观测星团往往都要借助天文望远镜。那么有没有距离很近，亮度达到肉眼直接可见的星团呢？答案当然是有的。有趣的是，可能是天空中最亮的两个星团，居然巧合地聚集在了同一个星座，而这个神奇的星座就是金牛座。

提到金牛座有哪些著名的深空天体，大家第一个想到的可能就是著名的星团——昴 (mǎo) 星团。昴星团位于我国古代天文学二十八宿中组成西方白虎之一的昴宿，因此在中国被称为昴星团。由于用肉眼隐约可见6～7颗恒星，因此昴星团还有个别名叫做七姐妹星团，这也是我国神话中七仙女的化身。

其实通过一台小型的双筒望远镜，你就可以看到昴星团中含有数十颗明亮的恒星。现代大型的天文望远镜观测研究发现，昴星团其实是由超过3000颗年轻的恒星组成的，它们聚集在一起，横跨的距离超过13光年。由于昴星团距离地球仅仅417光年，所以在夜空中它看起来分外的明亮。

昴星团（M45）

有意思的是，虽然昴星团综合亮度达到惊人的1等，但实际上它并不是全天最亮的星团，甚至它都不是金牛座最亮的星团，因为在金牛座还有一个更为明亮的星团——毕星团！

毕星团：夜空中最亮的星团

毕星团是著名的银河星团，同时也是一个疏散星团。它的总亮度约为0.5等。但是毕宿中最亮的毕宿五并不是星团的成员。

在宇宙中看，毕星团几乎是球形，横跨了32光年的直径，拥有300多颗成员星，它们大约形成于4亿年前，比昴星团要"老"得多，其中有一些恒星已经脱离了主序星阶段，成了红巨星。由于毕星团离我们太近，其中心距离太阳系仅143光年，所以在夜空中它的视直径达到了惊人的15度，其中几颗亮星构成了二十八宿中的毕宿，组成了金牛座"牛头"的主要形象，也难怪很多人更容易认为它们是一颗颗独立的恒星，而并没有把它当作一个星团了！

毕星团相对于太阳系处在不断地运动当中，它正在以43千米每秒的速度离开我们。大约8万年前，毕星团离太阳只有现今距离的一半；而6000万年后，毕星团中最亮的星也将只有12等的亮度。

毕星团

不过，乍一看来，我们总觉得昴星团要比毕星团更亮。这是因为昴星团的恒星在我们看来更集中，虽然其视星等比毕星团大，但在比毕星团小得多的天空范围中，它的表面亮度会更高。

说完星团，我们再来看看另一类极富特色的天体：星云。星云也叫星际云或者分子云，是由尘埃、氢气、氦气与其他电离气体聚集而形成的。星云大多色彩斑斓，形态各异，在自身气体电离发光或周围恒星的衬托下，显得无比美丽。最早的"星云"是天文学上通用的名词，泛指任何天文上的扩散天体，包含银河系之外的一些星系，比如著名的仙女座大星系之前也称为仙女座大星云。随着天文学的发展，星云的定义也悄然发生着变化，现在我们往往把星际空间的气体和尘埃结合成的云雾状天体称为星云。

星云往往非常巨大，直径可以达到几十光年，可比太阳这样的恒星大多了，但是星云往往也非常稀疏，虽然在地球上看去，它们是一团如同浓密的云雾般的天体，但其实它们的物质密度非常之低，甚至比地球上人工制造的真空的密度还要低呢。

星云遍布于宇宙之中，同恒星有着直接的"血缘"关系，大量的分子云可以聚集形成恒星，是不折不扣的恒星温床。而恒星死亡时，也会将大量的物质抛射向宇宙，形成新的星云。

宇宙中的星云很多，在北半球的夜空，最明亮的一团星云应该就是位于猎户座的著名的M42——猎户座大星云了。

北半球夜空最亮的星云：猎户座大星云(M42)

猎户座大星云距离地球约1400光年，直径约34光年，它在天空中的大小其实与满月相当，它的亮度则达到了4等。如果天气晴好，在冬季市郊的夜空当中，你用肉眼便可以发现它。猎户座大星云是一个弥漫星云，同时也是一个巨大的恒星温床，其中心部分的气体被大量恒星活动产生的剧烈恒星风电离，发出了艳丽的粉红色光芒。但由于人眼对于绿光最为敏感，所以在极其优良的夜空环境下，用肉眼通过大型望远镜看到的猎户座大星云其实是一个形似火鸟的淡绿色天体。

作为一个巨大的恒星诞生区，猎户座大星云中包含着众多刚诞生不久以及还在形成当中的恒星，它们当中最年轻的恒星，年龄只有100万岁。天文学家甚至还在一些恒星周围发现了原行星盘。对猎户座大星云的研究，于人类了解恒星以及太阳系早期的形成与演化都有着无比重要的意义。

猎户座大星云
(M42)

　　要找到这个北半球夜空中最亮的星云并不是一件难事。我们依旧从猎户座"腰带三星"出发，在它们的南边，是"猎户"的两只"脚"——参宿六和参宿七，大约在"腰带"与"脚"所围成的区域中间，有3颗小星若隐若现，这就是"猎户"的"佩剑"，而猎户座大星云，就在中间的那一颗星上。

猎户座大星云在天空中的位置

猎户座大星云（M42）

　　以上说的这些天体，都是我们通过肉眼或使用光学望远镜时所能看到的。但是，肉眼能够感知的和光学望远镜所观测的光——可见光，只是所有光的一部分而已，另外还有一部分光，它们是肉眼看不见的，称为不可见光。我们所熟知的X射线、紫外线和红外线就是三种不可见光。另外，还有γ射线、微波、射电波也都是不可见光。可见光只是所有类型的光中非常小的一部分。

　　在不可见光中，X射线有着特殊地位，它往往在有着极高能量的天体中大量出现。如果一个物种的眼睛只能够看见X光，那它们眼中的世界和宇宙将和我们人类看见的世界和宇宙有很大的区别。下面，我们就来了解一下我们人类目前所知的夜空中最亮的X射线源，也就是夜空中在X射线波段最亮的天体——天蝎座X-1。

夜空中最亮的X射线源：
天蝎座X-1

天蝎座X-1是位于天蝎座，距离我们大约9000光年的一个X射线源。天蝎座X-1是在太阳系外发现的第一个X射线源，并且是除太阳之外，天空中最强的X射线源。

天蝎座X-1是在1962年被意大利裔美国天文学家里卡尔多·贾科尼领导的小组发现的。1960年时，他们便计划通过探空火箭发射X射线探测器，以寻找X射线星和月球X射线。历经两年的失败后，他们终于在南部天空发现了一个很强的射线源，便尝试将探测器对准月球，但发现X射线并非来自它。由于最初的探测器角分辨率较低，短时间内难以准确测定这个射线源的位置。经过数周的分析后，小组最终确认它位于天蝎座内。作为天蝎座内发现的第一个X射线源，它被命名为天蝎座X-1。这个射线源本质是一个双星系统，由一个中子星和一个低质量恒星组成，当这颗低质量恒星的物质被中子星吸积时，其温度急剧增高，从而释放出了大量的X射线。

到这里，我们已经把各类天体中最亮的个体都找出来了。我们的视野，也从距我们38万多千米处的月球，拓展到了16万光年外的大麦哲伦星系。在这趟寻找天空中最亮的星的旅途中，我们发现，照耀万物的太阳不是恒星中的王者，恒星与行星也不是宇宙中仅有的角色，无数新的恒星与行星也在宇宙的各个角落不断诞生。

然而，我们必须意识到，现在所说的亮度之最，很有可能并非永远的。已知宇宙有900亿光年之广，而我们所能分辨的恒星仅仅位于数百万光年之内。宇宙中真正最亮的星目前还无法确定，而在这背后体现的更深层的问题，是我们对于宇宙实在是知之甚少。在更遥远的深空，于人类而言，还是一片未知。茫茫宇宙，还有无尽的奥秘等着人们探索。

大问地球

遇见化石明星

湖南省地质博物馆 编

中南大学出版社
www.csupress.com.cn

图书在版编目(CIP)数据

大问地球 / 湖南省地质博物馆编. —长沙：中南
大学出版社，2022.10

ISBN 978-7-5487-4976-9

Ⅰ. ①大… Ⅱ. ①湖… Ⅲ. ①自然科学－少儿读物
Ⅳ. ①N49

中国版本图书馆 CIP 数据核字(2022)第 112633 号

大问地球

DAWEN DIQIU

湖南省地质博物馆　编

□出 版 人	吴湘华	
□责任编辑	伍华进	
□责任印制	唐　曦	
□出版发行	中南大学出版社	
	社址：长沙市麓山南路	邮编：410083
	发行科电话：0731-88876770	传真：0731-88710482
□印　　装	湖南鑫成印刷有限公司	

□开　　本	787 mm×1092 mm 1/16	□印张 9	□字数 249 千字	□插页 8 张
□版　　次	2022 年 10 月第 1 版	□印次 2022 年 10 月第 1 次印刷		
□书　　号	ISBN 978-7-5487-4976-9			
□定　　价	98.00 元			

序言

　　古今中外，关于宇宙探秘、地球探索等的各种自然科普类读物可谓是汗牛充栋、浩如烟海。在信息化高度发达的今天，不管你脑海里有再多的"为什么"，都可以从互联网上检索到千奇百怪的答案。但是，人的精力终究是有限的，特别是青少年，在繁重的学业之外可以支配的读书时间更是极为宝贵。作为一家省级地质博物馆，为入馆参观体验的孩子们量身打造一套有料又有趣的科普书，是我们多年来的夙愿。

　　那么，怎样才能编出一部既受孩子们喜欢，又能得到家长和专家认可的作品呢？带着这个问题，我们的编撰人员做了大量的资料比选和社会调研，他们深入中小学，与老师、同学们进行广泛交流，他们走进入馆参观的人群中向家长、孩子们了解需求，他们向相关高校、院所、出版社和博物馆的专家、教授认真请教。随着一场又一场的调研论证，一轮又一轮的头脑风暴，思路越来越清晰，终于找到了一条别开生面的路径，那就是：**立足地学科普，结合馆校需求，以激发青少年好奇心和探索欲为核心，大手牵小手，专业加想象，共同创作一套有内涵无边际、有标准无定式、有目标无期限的开放式科普丛书。**

　　好奇心是人类探索未知的原动力，是孩子最宝贵的天赋，是孩子进入科学世界的敲门砖、金钥匙，也是培养未来科学家的起点。习近平总书记曾在2020年9月召开的科学家座谈会上指出："好奇心是人的天性，对科学兴趣的引导和培养要从娃娃抓起，使他们更多了解科学知识，掌握科学方法，形成一大批具备科学家潜质的青少年群体。"爱因斯坦也曾说过："我没有特别的天赋，我只是有强烈的好奇心。"面对充满未知的世界，哪个孩子不是天生的"十万个为什么"？谁的少年时期没有对大自然的奥秘讶异和着迷过？"大问地球"这套书就是把保护和激发青少年的好奇心放在首位，敞开想象，让孩子们自己问自己答，一人问多人答，全书收录的所有问题都是来自孩子们的真实提问。在孩子们头脑风暴的基础上，再由专家对相关领域的科学问题给出最新最权威的知识点，进一步引导孩子们不断思考和探究。

　　正是基于这些考量，"大问地球"的编撰者也是一支年轻精干的团队，他们均是湖南省地质博物馆地质、天文、古生物等领域的青年专家，既有扎实的理论功底，又有多年青少年科普教育实践，非常了解孩子们的"口味"。由于该书的编撰是一次全新的探索和尝试，离我们的初衷和大家的期待还有一定差距。但是，凡事总要迈出第一步，我们也希望借此收集老师、家长和孩子们更多的宝贵意见，让我们一起把这套书编得越来越好，让它真正成为孩子们自己的书！

黄远峰

黄远峰

湖南省地质博物馆馆长

湖南省地质博物馆馆长，
主编"大问地球"系列

钟 琦

湖南省地质博物馆副馆长

湖南省地质博物馆副馆长，
主编《遇见天空中最亮的星》

龚 淼

湖南省地质博物馆科教部部长

湖南省地质博物馆科教部部长，
主编《遇见化石明星》

专家介绍

EXPERT INTRODUCTION

俞天石
湖南省地质博物馆展陈部部长

湖南省地质博物馆展陈部部长，
主编《遇见地球宝藏》

旷倩煜
湖南省地质博物馆科教部副部长

湖南省地质博物馆科教部副部长，
主编《遇见地球造型师》

目录 CONTENTS

你敢问我敢答

遇见化石明星

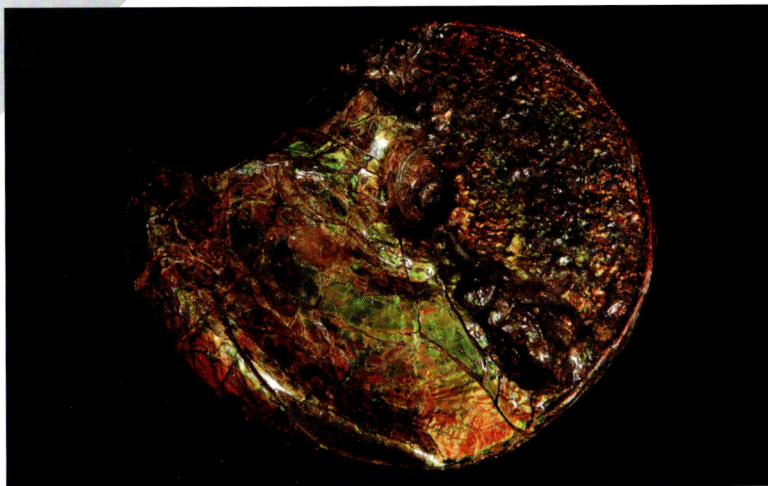

湖南省地质博物馆
馆藏化石标本

斑彩螺

什么是化石？
有没有像宝石一样漂亮的化石？
—— 李兰幽 8岁 女 天心区仰天湖新路小学

提问

龚老师答： 我们生活的这个星球，经过46亿年的演化，曾经生活过无数的生物。沧海桑田，斗转星移，许多神奇的物种，有一些以化石的身份出现在了世人面前，讲述它们的生前故事。那么什么是化石呢？化石是指保存于岩石之中的古生物的遗体、生活的遗迹以及残留有机物。我们判断一块石头是不是化石，并不能仅看它长得像不像生物，还要通过研究来判断它生前是不是一种生物。当然，我们捡到的植物叶子、贝壳也不是化石，因为它们没有经过石化的过程，不是一块石头。只有被埋藏在地层中的古生物，在漫长的时光里，经历了化学作用和物理过程的打磨，年深月久，终成化石。所以判断是不是化石有两个关键点：有没有石化，是不是史前生物遗留下来的。

史前生物在活着的时候也会有丰富的色彩，但在石化的过程中这些色素大部分都不能保存下来，所以我们看到的绝大多数化石都是灰突突的。但有一些特殊的化石却具有鲜艳的色彩，比如斑彩螺，它们是一种产自加拿大南阿尔伯塔省晚白垩世（7500万～7000万年前）地层中具斑彩效应的灭绝种菊石化石——米克糕菊石（*Placenticeras meeki*）和交替糕菊石（*P.intercalare*）的专称。由于埋藏时特殊的地质条件，如丰富的铁、镁元素和火山灰的封闭作用，造就了此地区的菊石具有宝石级别的丰富色彩。国际珠宝联合会（CIBJO）将它们归为有机宝石，还专门定了分级标准呢。

三叶虫是什么虫？长着三片叶子吗？

—— 江星慕 7岁 男 博才洋湖小学

提问

龚老师答：你知道吗？如今我们生活的这片土地在4亿年前可是一片浩瀚的汪洋大海。其实，在我们生活的这个地球上曾经生存着许多生命，它们有着形态各异的外形和许多奇妙的故事。今天，就请跟随我一起来了解一下三叶虫吧！

触角
头部
轴叶
胸部
肋叶
附肢
肋叶
腹部

三叶虫身体结构示意图

看看右边的这张图，它长着很多片"叶子"，三叶虫难道是长着三片叶子的生物吗？我这就来回答你。三叶虫是一种大约在5.3亿年前的古海洋中开始出现、2.5亿年前灭绝的古节肢动物。它们个体较小，一般只有几厘米长，外形有点类似现生海洋生物——鲎。观察它们的背甲，可以从纵向分为三部分，中间部分称为轴叶，两侧称为肋叶，因此称其为三叶虫。"叶"在这里的用法类似"肺叶"，比喻轻小、轻飘像叶子的东西。三叶虫的身体可分成数量不等的体节，并且全部包裹在几丁质外壳中。三叶虫的身体横向从前往后也分为头部、胸部和腹部三部分，不同属种的三叶虫在背甲的形态上会有多种变化和装饰。三叶虫的腹面具有许多对附肢，最前一对为触角。大多数时候只有坚硬的背甲才能保存下来形成化石。

湖南省地质博物馆馆藏化石标本
永顺拟枳壳虫

（*Asaphopsoides yongshunensis*）

说起三叶虫，它可是湖南省的化石明星。在湘南地区常见的三叶虫有霸王王冠虫（*Coronocephalus rex*）。在湘西等地，我们可以很轻松地找到三叶虫化石的踪迹，比如比脸还大的永顺拟枳壳虫（*Asaphopsoides yongshunensis*）等。还有球接子三叶虫，如光滑光尾球接子（*Lejopyge laevigata*）和网纹雕球接子（*Glyptagnostus reticulatus*），科学家通过研究球接子三叶虫在湘西建立了两个"金钉子"剖面，是湖南省珍贵的地质遗迹。

人类是怎么知道生命是进化出来的？

—— 钟晨逸 8岁 男 长沙市雨花区泰禹小学

龚老师答： 人类在探索自然的过程中一直对生命的本源进行着理解和解读。这里不得不提的就是达尔文。1809年，达尔文出生于英国。22岁时，他跟随"贝格尔号"巡洋舰进行了为期5年的环球科考，观

达尔文

察和采集到了大量珍贵的生物和地质标本。经过多年的研究，1859年，50岁的达尔文出版了《物种起源》一书，创立了进化论。在书中他提出了不同的物种由共同的祖先进化而来，物种内的居群在个体形态、结构和遗传等方面存在变异，新的物种是由微小差异逐渐累积而成的，生物进化的主要机制是自然选择。直至今天，达尔文的思想仍然是现代进化理论的基础。

随着科技的进步，跨学科知识的融合让科学家们对生物进化的机制有了越来越清晰的认识。20世纪三四十年代，随着遗传学等学科的研究深入，科学家们将达尔文理论优化形成"现代综合论"，认为生物进化的原理是基因重组。之后随着分子生物学的发展，科学家又提出了"分子进化中性论"，认为生物进化的动力是中性突变和突变漂移固定。20世纪70年代又有科学家提出"间断平衡论"，提出新种通过跳跃方式快速形成种系分支，进化是"跳跃"与"停滞"的过程。

从进化论的提出，到不断修正的过程，是科学家对自然科学探索的过程。在科技更加先进的未来，相信我们能越来越接近生命起源和演化的真相。

你敢问 我敢答

有人化石吗？我以后会变成化石吗？
—— 龙鹏远 13岁 男 雅礼洋湖实验中学

龚老师答： 我们现代人的生物学种名是现代智人（*Homo sapiens*），生物分类中划归人科，人属，智人种。

最早的人类化石于1823年在英国的帕维兰山洞里被发现，是一副早期人类骨架，同时还发现了骨器、装饰品和动物化石。但这个发现并没有引起人们的重视，直到1856年，采石工人在德国尼安德特山谷的一个山洞里挖掘出了一些人骨，1864年，这副骨骼被正式定名为人属尼安德特人。之后，科学家们陆续发现了大量的古人类化石，逐渐推演出了人类起源和演化历程。科学家将人类演化的历程简单地划分为五个阶段：（1）最早期人类，包括撒海尔人、原初人和地猿这三类适应直立行走的属种；（2）南方古猿，包括阿法种等属种；（3）人属早期成员，包括能人等属种；（4）人属中期成员，包括匠人、直立人、海德堡人等属种；（5）人属晚期成员，包括早期现代人和尼安德特人等属种。

湖南省地质博物馆馆藏化石模型
道县人牙齿化石

前三个阶段的化石只发现于非洲。中国的古人类化石最早可归属为直立人的有元谋人、蓝田人、北京猿人和南京猿人等；人属晚期的成员有山顶洞人、柳江人、道县人等。如果你觉得元谋人、北京猿人离我们似乎有点距离，那么，不如将目光聚集在我们生活的湖南吧。

2010年，科学家在湖南道县乐福乡福岩洞发现了道县人，主要为牙齿化石。研究得知，道县人生活的年代是晚更新世，大概是在12万～8万年前。据此可以确定，具有完全现代形态的人类至少8万年前在湖南已经出现。道县人的发现对于探讨现代人在欧亚地区的出现和扩散具有非常重要的意义。

在地球历史中曾经生活着难以计数的生物，在它们死后，只有极少数埋藏条件适合的个体能够保存下来形成化石。我们现在所生活的第四纪晚期，也是地球历史的一个阶段，很有可能保存下来一些珍贵的动、植物化石。但化石的形成不但需要特殊的埋藏条件，还需要经历漫长的地质时间的石化过程。这个时间至少需要上万年，也就是说，至少要1万年以后，公元2022年被埋藏的生物才有可能形成化石。

恐龙真的灭绝了吗？
鸟类是不是恐龙的后代？

—— 肖子溪 8岁 女 博才阳光实验小学

提问

龚老师答：当我们在电视或电影里，或漫步于自然博物馆中，看到身形庞大且威风凛凛的恐龙时，常常会惊叹于它们能够进行急速猎杀且轻盈矫健的身姿，善于捕抓猎物的双爪和锯齿状的牙齿。这种让人望而生畏的生物曾经称霸世界，物种数量巨大。可是，这么厉害的动物后来却灭绝了，你可能会问，"凶手"是谁呢？关于恐龙灭绝的原因，有很多种说法。大家可能听说过，在6600万年前有一场著名的大灭绝事件，很多人都称这次大灭绝为"恐龙灭绝"事件，因为这次大灭绝终结了赫赫有名的"恐龙时代"，地球从此进入了以哺乳动物和被子植物为主的新生代。但其实随着近年来对鸟类起源的深入研究，让我们对此次大灭绝的理解有所更新，科学家不再称此次大灭绝为"恐龙大灭绝"，而是代之以更加准确的"非鸟恐龙的灭绝"。

之前很长一段时间人们都认为在德国发现的大约1.5亿年前的始祖鸟是最原始的鸟类，近年来我国科学家在中国北方发现了一批侏罗纪的带羽毛的恐龙，以及早白垩世的原始鸟类，为研究鸟类的起源与早期演化，以及鸟类飞行和羽毛的起源提供了重要信息。化石证据表明，鸟类起源于小型兽脚类恐龙，在与鸟类亲缘关系较远的兽脚类中（如属于暴龙类的帝龙和羽王龙），羽毛是纤维状或毛状的，其功能可能与保温和展示有关，而不是用于飞行。但在原始鸟类及其恐龙近亲中（如小盗龙），羽毛变成飞羽形态，见于前肢、尾部甚至后肢。羽毛使鸟类加入了飞行俱乐部，并最终战胜了脊椎动物飞行的先驱——翼龙。关于鸟类飞行的起源主要有两种假说：地栖说和树栖说。从2000年起，在中国陆续发现了能够爬树的小盗龙等，以及腿上长有飞羽的近鸟龙等小型恐龙，证明鸟类的祖先曾经生活在树上，并能用四个翅膀在林间滑翔。此后，鸟类祖先的前肢羽翼更加发达，逐渐取代后肢的翅膀承担飞行的功能。

读到这里，你也许也在思考，这么说，恐龙大家族其实没有全部灭绝吗？是的。简单来讲，恐龙大家族其中一支演化成了现代的鸟类，现在和我们一起生活在地球上。

我们总是听说恐龙生活在侏罗纪，什么是侏罗纪？除了侏罗纪还有什么纪？

—— 胡雪瑶 13岁 女 长郡外国语实验中学

龚老师答： 每个孩子的童年可能都经历过一段对恐龙充满好奇的时期，甚至到现在，很多大人都很喜欢恐龙呢！对于大多数人来说，恐龙既陌生又熟悉。仰天怒吼的霸王龙、身披铠甲的甲龙、背着剑板的剑龙、尖角锋利的三角龙等，它们是博物馆里高大冰冷的化石骨架，是动画片里可爱呆萌的小宠，是电影里凶狠残暴的陆地霸主……可说到底，恐龙到底是怎样的生物？它们在地球上生活了多长时间？对这个问题，就让我们从地球上的岩石说起吧！地球上的岩石就像一本厚厚的记载着地球历史的书籍，每一"页"都在其形成的过程中包裹了那个时代的信息，比如生物是以化石的形式保存；一些地质事件也会以地质现象的形式保存下来，如褶皱、断层等。地层年代与生物的演化顺序一一对应，互相佐证。

在这些认识之下，科学家将地球的历史从老到新划分出了不同时长的演化阶段，构成了不同等级的地质年代单位：从老到新分为冥古宙、太古宙、元古宙、显生宙。冥古宙是地球刚开始形成时还没有生命存在的时代；太古宙是生命起源的时代；元古宙是早期地球生命演化阶段；显生宙可分为古生代、中生代和新生代，古生代包括寒武纪、奥陶纪、志留纪、泥盆纪、石炭纪和二叠纪，中生代包括三叠纪、侏罗纪和白垩纪，新生代包括古近纪、新近纪和第四纪。每个纪还可以划分成更小的时间单元。每个地质年代单位都是由科学家根据标准地层定名的，侏罗纪（Jurassic）名称取自德国、法国、瑞士边界的侏罗山，它的时间跨度为距今2.01亿~1.45亿年；白垩纪（Cretaceous）名称在拉丁文中意为"黏土"，意指上白垩系里常见的白垩，主要由一种叫作颗石藻的钙质超微化石和浮游有孔虫化石构成，在英吉利海峡两岸形成美丽的白色悬崖。白垩纪的时间跨度为距今1.45亿~0.66亿年，是紧随侏罗纪之后的一段地质历史时期。

地球显生宙演化历史
Geological History of Phanerozoic

宙 Eons	代 Eras	纪 Periods	重大事件 Major Events
显生宙 Phanerozoic	新生代 Cenozoic	第四纪 Quarternary 258万年	人类 Human
		新近纪 Neogene 2300万年	
		古近纪 Paleogene 6600万年	木兰花 Magnolia
	中生代 Mesozoic	白垩纪 Cretaceous 1.45亿年	● 第五次大灭绝 恐龙 Dinosaur
		侏罗纪 Jurassic 2.01亿年	
		三叠纪 Triassic 2.52亿年	● 第四次大灭绝 芙蓉龙 Lotosaurus
	古生代 Paleozoic	二叠纪 Permian 3亿年	● 第三次大灭绝 基龙 Edaphosaurus
		石炭纪 Carboniferous 3.59亿年	林蜥 Hylonomus
		泥盆纪 Devonian 4.19亿年	● 第二次大灭绝 盾皮鱼 Placodermi
		志留纪 Silurian 4.43亿年	板足鲎 Eurypterida
		奥陶纪 Ordovician 4.85亿年	● 第一次大灭绝 角石 Orthonybyoceras
		寒武纪 Cambrian 5.41亿年	三叶虫 Trilobite

遇见化石明星 ⌄

你在晴朗的日子，邀上好友登上山顶，也许你会为美景惊叹；万里无云的夜晚，你凝望几十亿千米外的深空，也许会看到无数发光的"小岛"飘浮在空中的奇景。每一颗星星，都像宁静海洋中的一座小岛，而在这片广袤的星辰之海中，我们所居住的地方只是这座小岛的一个角落。那么，让我们把范围再缩小一点，可以发现，到目前为止，地球是人类发现唯一有生命存在的星球。

化石证据表明，大约37亿年前开始，地球上出现了最早的生命。从那时起，生命就在环境压力和基因重组的基础上不断地演化，一方面对地球的环境进行改造，另一方面形成物种的演化。科学家通过多种方式在为我们揭秘这个漫长而重要的过程，其中一种最直接的方式就是寻找化石证据。那么，就让我们跟随地球生命演化的脚步，遇见化石明星吧！

大约46亿年前，随着太阳系的形成，地球形成了。初形成的地壳很薄且不稳定，经常受到小行星的撞击。喷发的火山涌出大量岩浆，在冷却后形成地壳，同时，也产生大量气体，其与地球引力吸引的星云气体融合，逐渐形成地球的原始大气层。原始大气层没有氧气，主要成分是氢气、甲烷、一氧化碳和二氧化碳，少量为水汽、氮气、硫化氢和氨气等。

目前所知最古老的岩石位于格陵兰西南部，年龄约为38亿年，岩石虽然已经变质，但仍保留了沉积作用的痕迹，证明当时地球上已经有了水。近几年，科学家又发现了大约37亿年前的叠层石，证明了当时地球上已经有了蓝细菌（也就是蓝绿藻），这是地球上最早出现的生命。

地球生命史的第一位化石明星：叠层石

什么是叠层石呢？叠层石是在由海洋中的蓝细菌等微生物的生命活动所引起的周期性矿物沉淀、沉积物的捕获和胶结作用下，形成的叠层状的生物沉积构造。右图展示的是大约6亿年前的叠层石，上面细密的圈层就是叠层石的典型结构特征。

叠层石的纹层就像树木的年轮，叠层石纹层的生长节律可以反映出当时地球物理方面的很多信息。尤其是在地球上还是一片"寂静"的早期阶段，叠层石作为地球上最早的生命记录，能够给我们提供很多宝贵的信息。例如，古生物学家根据一种叫假裸枝叠层石的纹层周期和等级，推算出12亿年前地球上每个月为40~49天。

湖南省地质博物馆
馆藏标本

叠层石

　　海洋中蓝细菌的出现逐渐改变了地球的命运，尽管它非常小，只有在显微镜下才能看到，但它繁殖速度很快，所以数量惊人。它们不断吸收着大气层中的二氧化碳，并释放出氧气。氧气与大气层中的甲烷作用，变成二氧化碳和水；或和氨结合形成氮气和水；或与硫化氢作用形成二氧化硫和水，进而又形成硫酸融入水中……让我喘口气，哇，听上去很复杂是吗？总之，这些复杂的化学反应逐渐改变了大气层的成分。

　　很长的一段时间里，地球上一直进行着细胞级别的生物演化。大约6亿年前，地球上出现了肉眼可见的生物化石。此时有一个生物群非常引人注目——埃迪卡拉生物群。它们在地球上出现的时间是5.75亿～5.4亿年前，因最早发现于澳大利亚南部埃迪卡拉山而得名，是已知最古老的具有复杂身体结构的生物群。

　　它们是一类很奇特的生物，哪里奇特？让我慢慢告诉你。首先，它们全部为软躯体动物，没有坚硬的骨骼，没有嘴，大多靠身体表面和海水接触，通过渗透作用吸收营养。此外，更没有行走、取食和消化等功能器官。等等，还要告诉你，它们的形态也很特别，大多数是扁平状、圆盘状、叶状、管状、扇状等。虽然它们一般只有几厘米大小，但大的个体却能长到1米，是不是很不可思议？它们有的像是水母或蠕虫，有的却和我们现代的生物完全不同，比如查恩盘虫（*Charniodiscus*）——埃迪卡拉生物群的代表生物之一，看起来像一片巨大的叶子，但高达1米的叶子可以说壮观了吧？"叶柄"两侧有许多对生或互生的"羽叶"，底部有个球形固着器。

埃迪卡拉生物群复原图

埃迪卡拉生物群的出现具有非常重要的意义，在它们之前，地球生命以藻类为主，它们是复杂大型生物时代的"魔幻首秀"。虽然那是一个没有捕食竞争、没有吵嚷喧嚣的温和时代，但这场生命演化的尝试终是昙花一现，此后的地球生物走向了具有硬壳或复杂内部器官的时代。距今5.3亿年的寒武纪初期，海洋里几乎突然出现了大量的复杂生物（虽然这里的"突然"也有约4000万年的时间），几乎所有现生动物的祖先门类都在那时出现，开启了包括人类在内的具有脊椎的神奇动物世界的窗口。古生物学家称之为"寒武纪大爆发"。

这一时间地球上出现了各种各样的神奇生物，比如在加拿大布尔吉斯页岩中发现的奥帕宾虫（*Opabinia*），它长着5个带柄的眼睛，可以一边密切关注天敌的行踪，一边用长嘴最前面的爪子捕食猎物。

20世纪80年代，我国科学家在云南省澄江县发现了澄江生物群，为寒武纪大爆发事件提供了大量的化石证据。比如大名鼎鼎的奇虾，是当时海洋中的巨无霸，它凭借近2米的巨大体型和一对锋利的钳子站在了食物链的顶端。和它生活在同一片海洋的还有微网虫、怪诞虫、纳罗虫、瓦普塔虾和栉水母等多个门类的生物，形成了一个庞大复杂的生态系统。

　　可以说，寒武纪生命大爆发让地球变得既热闹又生动。当时最令人闻风丧胆的捕猎者之一便是奇虾。到现在为止，科学家们共发现了超过20种不同的奇虾，比如帚状奇虾（*Anomalocaris saron*）、加拿大奇虾（*Anomalocaris canadensis*）和双肢抱怪虫（*Amplectobelua symbrachiata*）等。帚状奇虾和双肢抱怪虫都产自云南澄江，帚状奇虾的身体相对修长，捕食附肢内侧长满了尖刺；双肢抱怪虫的身体相对粗壮，捕食附肢除一排短刺外还长着一根粗壮的长刺。从身体结构来看，帚状奇虾更善于游泳追击，而双肢抱怪虫更善于伏击。

　　帚状奇虾敏锐的视觉，2米长的巨大体型，如同粉碎机一样的口，可谓寒武纪的"巨型捕食者"。如果穿越到寒武纪，恐怕人类连只"虾"都打不过。

湖南省地质博物馆馆藏化石标本
双肢抱怪虫的附肢（特化的捕食前附肢）

地球生命史的第二位化石明星：奇虾

1886年，加拿大的一位科学家在布尔吉斯岩层里发现了一块动物爪子的化石，他认为是一种虾的尾巴，因此将其取名为"奇虾"，意思是"奇怪的虾"。但其实奇虾跟我们现在见到的虾一点关系都没有。通过后面发现的完整的奇虾化石，科学家们复原了一个身长2米的巨无霸，它的头顶长着一对带柄的巨大复眼，还拥有一对带刺的分节前肢，可以将猎物抓住送入直径可达25厘米的圆形口器之中，口中还长着环状排列的外齿，不给那些长着甲壳的猎物们任何逃生的可能。它的身体两侧具有可活动的桨状肢，尾部有扇状尾鳍，可以想象其游泳能力也是超强。

奇虾家族成员们的身体结构虽然各有一些不同，但对于当时的其他海洋生物来说，奇虾2米的体格就是绝对的王者。科学家甚至还在奇虾的排泄物里发现了其他动物的残渣，更加证明奇虾是肉食性动物，在寒武纪的食物链中处于顶级捕食者地位。

奇虾复原图

寒武纪的海洋生物与之前的海洋生物最大的区别就是产生了捕食器官，我们能找到很多种凶猛的捕食者，处于弱者地位的生物也在巨大的生存压力之下演化出了各种自我保护的身体构造，比如坚硬的壳、长刺、瘤点等，有一些三叶虫的外骨骼甚至出现了矿化现象，用于抵御捕食者的攻击。我们可以形象地将这样的生存竞争称为"军备竞赛"。在这样的生存竞争压力之下，物种的演化速率加快，生物类型也急剧增加，这就是寒武纪生命出现大爆发的主要原因之一。

到了奥陶纪早期，奇虾等大型捕食者开始没落，而另一批游泳能力更强的"大个子"开始发展壮大，它们就是板足鲎。板足鲎的头部全部被头甲包裹，口部附近拥有用于辅助进食的巨大螯肢，还有部分附肢特化成板状，像船桨一样，身体覆盖的甲壳也更加坚固，这为它们在奥陶纪后来者居上起到了关键作用。板足鲎类在古生代前期是进化极为成功的种类，它们的长度从仅有数厘米到长达两三米，家族成员类型也非常丰富。

世界上最大的板足鲎——莱茵耶克尔鲎
（*Jaekelopterus rhenaniae*）
生存时代：约4亿年前   体长：约2.5米

板足鲎生活的时代海洋生物类型已非常丰富，还有一种软体动物也在同时期异军突起，站到了食物链的顶端，它们就是鹦鹉螺。

地球生命史的第三位化石明星：鹦鹉螺

现在还有鹦鹉螺生活在海洋之中，它柔软的身体躲在色彩鲜艳的螺旋状外壳里，只露出数十只触手和一对大大的眼睛，看起来人畜无害，却是个十足的肉食动物！

早在大约4.9亿年前的寒武纪末期，鹦鹉螺的祖先类型就已经出现；到了奥陶纪时期迅速发展，出现了长得像宝塔一样的双房角石、半卷的三叶角石、卷曲的欧亚角石等多种类型；泥盆纪时期出现的巨型角石，长度可达11米，体重可达1吨，堪称当时海洋中的巨型猎食者。包括角石在内的鹦鹉螺家族的壳体都是内部分节，肉体住在最外面最大的"房间"里，里面的若干个"小房间"是气室，靠一根体管连通，大大的眼睛可以感知海洋深处微弱的光线。最厉害的是，它们还长着一个巨大的、类似鹦鹉嘴的喙，可以咬碎板足鲎和三叶虫等生物的甲壳。

湖南的湘西地区产出大量含各类角石化石的灰岩，常被人们用来当作建筑石材。现在我们在张家界等地还能在铺设路面的石板上看到各种角石化石。

现生鹦鹉螺

湖南省地质博物馆馆藏化石标本
湖南三叶角石

湖南省地质博物馆馆藏化石标本
双房角石

张家界黄龙洞地砖上的角石化石

　　鹦鹉螺的辉煌时代是被另一些更凶猛的生物终结的，在看似平静的海洋中，灭绝和新生一直存在。脊椎动物中的一支经过了漫长的蛰伏期后开始发展壮大，原本的鳃弓结构演化出了下颌，拥有了下颌的早期鱼类获得了当时最高端的"武器"，从之前的只能被动滤食或者寄生一跃成为可以主动捕食的新生霸主。当各种各样有颌鱼类发展壮大之后，那些"装备"已然落后的前辈们纷纷黯淡退场。

　　大约在3.6亿年前，海洋新一代霸主——邓氏鱼出现了。它主要生活在浅海水域，体长超过10米，体重可达7吨，硕大的头颅包裹着坚硬的骨板，虽然没有牙齿，但它们坚固的头甲在牙齿的位置生出了坚硬锋利的头甲赘生，具有强大的咬合力，足以咬碎当时海洋中任何动物的外壳，也包括其他带盔甲的鱼类。在邓氏鱼统治的海洋之中，鲨鱼都是它的"下酒小菜"，但生命总是顽强的，每个时代都留有强者的威名，也不乏可圈可点的平凡生命焕发光彩。

泰尔雷邓氏鱼（*Dunkleosteus terrelli*）复原图

　　与海洋生命世界不同，生命征服陆地的脚步相对缓慢得多。最早向陆地进军的是6亿年前的地衣，5亿年前苔藓植物登陆。这些为数不多的先驱者在漫长的地质历史时期里逐渐改造着陆地环境。到了距今大约4亿年前，才出现了具有维管系统的植物，比如顶囊蕨和工蕨等，这是植物从水中到陆地演化飞跃性的一步。大约5000万年之后，具明显叶状结构的植物出现，此后陆地上逐渐形成大面积的蕨类森林。

　　在陆地逐渐变得宜居之时，约3.6亿年前，海洋中的肉鳍鱼演化出了走向陆地世界的两栖类。在此后长达8000万年的时间里，两栖动物都是陆地上的主要捕食者。尽管两栖动物可以在陆地生活，但它们仍须返回水中进行繁殖。

鱼石螈（*Ichthyostega*）复原图

　　鱼石螈是原始的两栖动物，它生活在3.6亿年前，体长约1米，身体呈现出鱼类和两栖类的双重特征——头骨高而窄，还具有残留的鳃骨，身体侧扁，表面覆盖着像鱼类一样细小的鳞片，还有一条鱼形的尾鳍。但它的眼睛已经不像鱼类一样在两侧而是长在头顶，有更加适应爬行的强壮的肩带和腰带骨。很奇怪的是，鱼石螈还长着7个脚趾。古生物学家推测鱼石螈生活在浅水或沼泽之中，可能用前肢在陆地上爬行，后肢和尾巴又可以在浅水中滑行游动，并不会长期在陆地上爬行。

　　3亿年前的地球陆地上森林更加茂盛了，大气氧含量也比现在高得多，在这种环境中出现了很多令人匪夷所思的生物，比如翼展可达75厘米的巨脉蜻蜓和50厘米长的巨蝎等。它们在体型的优势下也曾经称霸一方，当时一些小型的两栖动物是它们的盘中餐。

　　3亿～2.5亿年前的三叠纪时期，古大陆第五次拼合形成联合古陆，被称为盘古大陆，广袤的内陆地区气候也因此逐渐变得炎热干燥。

这时候具有羊膜卵的爬行动物就拥有了比两栖动物更强的繁殖优势，数量和种类越来越多，演化出了许多令人难以置信的生命形式，比如我们熟悉的恐龙，最终在中生代统治了整个地球。

什么是羊膜卵呢？鸡蛋就是一种羊膜卵。仔细观察鸡蛋壳，就会发现它的表面有许多微孔，这些微孔可以保持与外界的气体交换。蛋清为胚胎发育提供保护和水分。蛋黄为胚胎发育提供营养，胚胎就位于蛋黄的内部。如果胚胎继续发育，胚胎周围的褶皱就会逐渐形成一个具有两层膜的囊，外层为绒毛膜，内层为羊膜。羊膜将胚胎包在羊水之中，为胚胎的发育提供水环境。

湖南省地质博物馆馆藏
化石标本　恐龙蛋

地球生命史的第四位化石明星：无牙芙蓉龙

无牙芙蓉龙是一种生活在2.3亿年前性情温和的植食性爬行动物，成年个体大约长3米，高1米，体重约为1吨，用4只脚爬行，背上长着高大的帆状神经脊，是为适应三叠纪炎热气候的产物。它长着三角形的头，嘴巴却像鸟类一样是硬质的喙状嘴，口中无牙，这在爬行动物中非常罕见。因此判断它可能是靠啄食柔软的水草、嫩叶为食。

在桑植县发现的芙蓉龙群体埋藏化石遗迹面积约100平方米，化石类型很单一，就是大大小小的芙蓉龙骨骼，数量超过1000块，证明了它们的群体生活习性。

无牙芙蓉龙是不是恐龙呢？科学家们通过研究发现，无牙芙蓉龙属于假鳄类中的波波龙类，亲缘关系与恐龙家族稍远。

◎ 无牙芙蓉龙复原图

湖南省地质博物馆馆藏
化石标本 无牙芙蓉龙
（*Lotosaurus adcentus*）

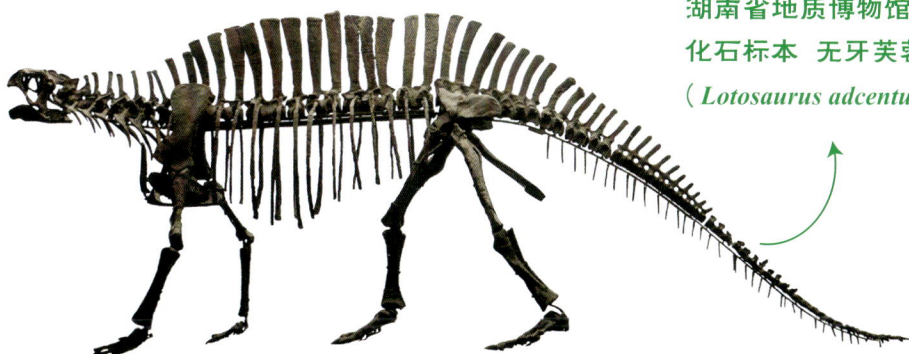

无牙芙蓉龙
化石挖掘现场

到底哪些爬行动物才是真正的恐龙呢？这就要从恐龙与爬行动物的骨骼特征说起。

现生的所有爬行动物，行走时都采取匍匐爬行的姿态，前肢与后肢的肘部和身体之间形成一定的角度，就像鳄鱼一样。恐龙能够在爬行动物大家族中获得统治地位的原因之一，就是它们采用与其他爬行动物不同的直立姿态。这种姿态比其他爬行动物步幅大，因此它们行动速度更快。

恐龙家族可以分为两大类：蜥臀目恐龙和鸟臀目恐龙。这两大类恐龙最显著的区别在于腰带骨骼，大多数蜥臀目恐龙的腰带呈三射形，与蜥蜴相似；鸟臀目恐龙的腰带呈四射形，与鸟类相似。鸟臀目恐龙可以分为五类，即剑龙亚目、甲龙亚目、角龙亚目、肿头龙亚目和鸟脚亚目；蜥臀目恐龙一般分为两大类，兽脚亚目和蜥脚亚目。

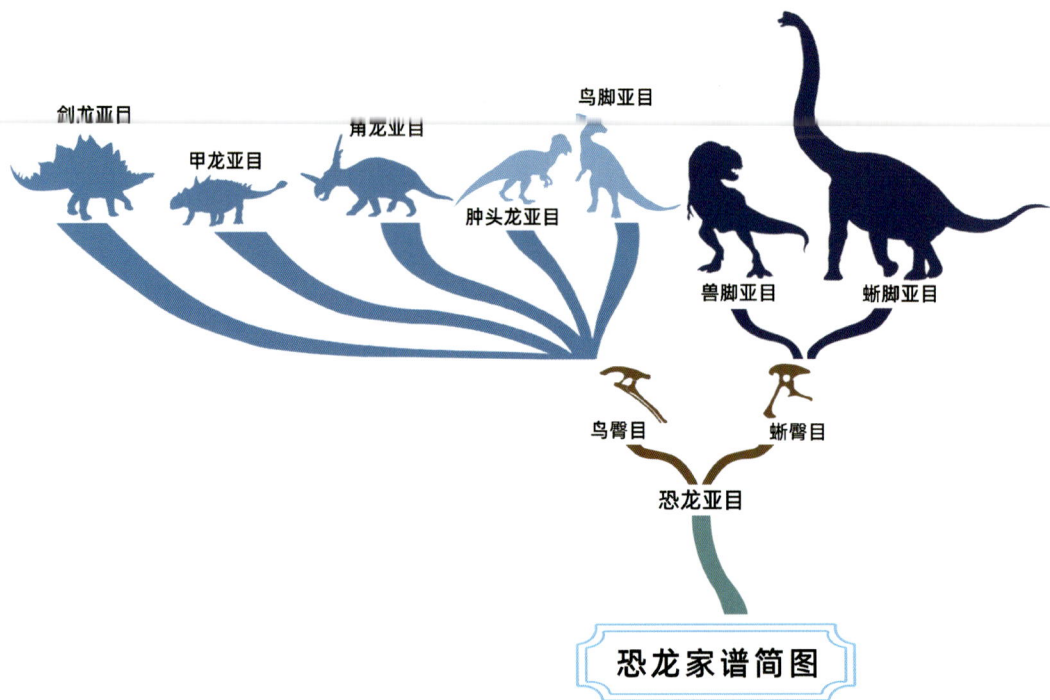

剑龙亚目　甲龙亚目　角龙亚目　鸟脚亚目　肿头龙亚目　兽脚亚目　蜥脚亚目　鸟臀目　蜥臀目　恐龙亚目

恐龙家谱简图

迄今为止，全世界范围内已经发现了1000多种不同的恐龙，但都可以按特征归属到我们上面提到的几大类之中。比如剑龙亚目恐龙的典型特征是背上长着两排骨板，之前人们以为这些骨板是它防御的武器，而新的化石证据表明，这些骨板并不与它们的骨架直接相连，而是长在皮肤上，因此有可能是起到装饰或者调节体温的作用。

地球生命史的第五位化石明星：多棘沱江龙

　　1974年，在四川省自贡市伍家坝的一个建筑工地上突然挖出了大量的恐龙化石，经过古生物学家们的仔细研究，于1977年将其命名为多棘沱江龙，这是在我国发现的第一条完整的剑龙。

　　多棘沱江龙体长可达7米，身高2米，体重约4吨，在剑龙家族中算是体型比较大的类型了。它的头细长，相对于身体来讲非常小，用4条短而结实的腿走路，行进速度比较缓慢。

　　多棘沱江龙最典型的特征就是背上的两排骨板，共有15对30个，骨板相对于典型的剑龙来说更为细长，且数量更多。除这些骨板之外，多棘沱江龙的肩膀上还长了一对肩棘，尾巴上也长了两对长达40厘米的尾刺，这是剑龙最主要的防御武器，当有敌人来袭时，它就会侧过身体，甩动尾巴，用尖利的尾刺保护自己。

　　多棘沱江龙生活在约1.5亿年前的侏罗纪，当时的地球气温比现在要高，多棘沱江龙的骨板可以增加皮肤表面积，以便更好地散热。

湖南省地质博物馆馆藏恐龙化石模型　多棘沱江龙（*Tuojiangosaurus multispinus*）

甲龙复原图

甲龙亚目恐龙是最具防御能力的恐龙，它们大多是全身披甲，还有尾刺和尾锤等自我保护的武器。角龙亚目恐龙非常有趣，它们的头骨后端延伸长出巨大的扇形颈盾，可以保护柔软的颈部，脸上更是长着数量不等的尖角，比如三角龙、五角龙等。

湖南省地质博物馆馆藏恐龙化石模型 三角龙

肿头龙亚目恐龙有一个厚厚的头骨增生，形成一个坚硬的厚达25厘米的圆顶，圆顶周围还有一圈骨瘤，人们推测雄性肿头龙会在打斗时用结实的圆顶互相冲撞来一决胜负。

湖南省地质博物馆馆藏恐龙模型 肿头龙

鸟脚亚目恐龙有3个向前伸的脚趾，类似现在的鸟类。鸟脚亚目恐龙家族非常庞大，包括禽龙、法布龙、异齿龙以及鸭嘴龙等。禽龙是人们发现最早的恐龙，它们的大部分成员都有一个尖锐的"大拇指"。鸭嘴龙的典型特征是其扁平的喙状口鼻，另外大部分成员还长着形态各异的中空冠饰，比如青岛龙、副栉龙、冠龙等。

地球生命史的第六位化石明星：棘鼻青岛龙

鸭嘴龙家族有一个非常鲜明的特征，那就是大部分成员都长着形态各异的头冠，这个中空的头冠内部被认为是鸭嘴龙用来发声的鼻管，科学家还通过3D模型恢复了不同头冠的鸭嘴龙发出的声音。

1951年在山东省莱阳市发现了一种奇怪的鸭嘴龙，它的头顶鼻骨上长着一根长约40厘米的棒状棘，要不是骨骼完整，谁也无法想象有这样的恐龙形象。1958年，其由著名古生物学家杨钟健先生定名为棘鼻青岛龙。

棘鼻青岛龙生活在白垩纪晚期，身长为6.62米，身高4.9米，头顶由上颌骨和棒状棘支撑起一个中空的头冠，可能和其他有头冠的鸭嘴龙一样是青岛龙的发声器官。由于它的长相非常独特，堪称中国最具辨识度的鸭嘴龙。

棘鼻青岛龙复原图
（*Tsintaosaurus spinorhinus*）

兽脚亚目恐龙主要是一个肉食性类群，它们的辉煌时代在白垩纪晚期。兽脚类恐龙的演化趋势是相继大型化，如暴龙生存于白垩纪晚期的北美洲，其体长约12米，体重可达18吨，咬合力可达23.5万牛顿！亚洲地区还出现了一些以植物为食的巨型兽脚类恐龙，如镰刀龙和一些窃蛋龙类。更重要的是，部分兽脚类恐龙还出现了小型化的演化趋势，这最终导致了鸟类的起源。

地球生命史的第七位化石明星：雷克斯暴龙

雷克斯暴龙就是我们常听到的霸王龙，是暴龙家族中体型最大的一种，体长11.5～14.7米，平均臀部高度约4米，最大臀高可达到5.2米，头高最大近6米，平均体重约9吨，最重14.85吨，头部长度最大约1.55米。雷克斯暴龙咬合力一般为9万～12万牛顿，嘴巴末端咬合力最大可达20多万牛顿，同时它也是体型最为粗壮的食肉恐龙。从雷克斯暴龙的头骨形状来看，其上颌宽下颌窄，咬合的时候上下颌牙施加的力不完全相对，有利于咬断骨骼。它的牙齿呈圆锥状，类似香蕉，适合压碎骨头，而绝大部分肉食恐龙的牙齿多用于穿刺和切割。其头骨结构显示暴龙的猎食行为可能和大部分兽脚类恐龙不一样。

湖南省地质博物馆馆藏化石模型
雷克斯暴龙（*Tyrannosaurus rex*）

地球生命史的第八位化石明星：阿根廷龙

目前为止世界上最大的泰坦巨龙发现于阿根廷。1987年的一天，一位阿根廷的农场主在寻找自己丢失的绵羊时发现石头中有一块巨大的骨头，之后又发现了两百多块骨骼。这些骨骼大得超乎想象，古生物学家在对一根不完整的股骨（也就是大腿骨）进行测量估算之后，认为其完整长度达到了2.56米！通过将这些巨大的椎骨、股骨等进行拼装和计算，最终恢复了这个挑战人类想象极限的化石明星——阿根廷龙！它的身长超过35米，长长的脖子有17米，体重估计超过70吨！

经过测算，阿根廷龙的心脏周长接近2米，重量大约230千克！也就是说，得两个小朋友合抱才能抱住它的心脏，而我们人类心脏差不多只有一小握拳的大小，完全不是一个数量级。

阿根廷龙生活在约1亿年前的冈瓦纳大陆（包括现在的南美洲、澳大利亚和南极洲），当时的植被主要是苏铁、蕨类、松柏等，这也是阿根廷龙的主要食物来源。这些植物都是高纤维植物，不好消化，要从这种低热量的食物中获取足够的营养，这些巨型恐龙就需要不断地进食，并利用越来越长的消化道来尽量吸收植物中的营养，因此阿根廷龙的身体也越来越庞大，直至长到身体能承受的极限。

阿根廷龙
复原图

阿根廷龙化石挖掘现场

　　壮观的恐龙世界繁荣了约1.75亿年，在一场引人瞩目的大灭绝事件中落下帷幕，关于此次灭绝事件的原因有各种假说，如陨石撞击、火山长期猛烈喷发、地球气候强烈变化等，至今还在引起广泛的争论。我们可以这样假想：白垩纪末期，剧烈的板块运动导致海平面下降和德干火山喷发，对地球环境产生了严重影响，恐龙和其他生物类群开始衰落；大约6600万年前，一颗小行星撞击了墨西哥尤卡坦半岛，给了地球生命毁灭一击，让当时的大多数生物在短时间内完全消失。

　　但地球生命历史并没有因此终结，包括早期鸟类在内的很多生物都躲过了此次劫难，灾后的地球逐渐成为哺乳动物的乐园，这个时代被人们称为新生代。这个时代最值得我们关注的事件就是——灵长类中的一支，逐渐适应了直立行走、学会制造和使用工具、脑容量不断增加，不断地用智慧适应和改造着地球，创造出了璀璨的人类文明。

地球生命史的第九位化石明星：南方古猿"露西"

　　"露西"是1974年发现于埃塞俄比亚阿法地区的一具女性化石骨架，她身高为0.91~1.07米，体重不到27.22千克，年龄为25~30岁。"露西"的生活年代距今约350万年，是当时发现的最早的人科成员，因此被人们亲切地称为"人类祖母"。1975年，科学家在这个地区又发掘出了大量的人科化石，包括男女老少共13人，被称为"第一家庭"。

　　1978年，科学家将这个区域内发现的全部人科化石都归入南方古猿的一个新种，以发现地——阿法地区作为种名，叫作南方古猿阿法种。"露西"以其化石的完整和年代的久远而倍受重视，是研究人类起源的里程碑。

南方古猿复原图

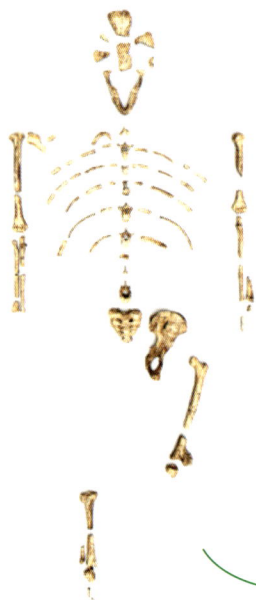

　　对地球生命历史的回顾让我们明白，地球并不一直是生命的温室，生命不断经历着灭绝与辐射，其中5次大灭绝事件更是造成了全球生物圈的大洗牌，主要原因都与全球性的气候突变有关，地球生态系统远比我们想象的更加脆弱。而我们更加知道，人类的智慧和现代科技在现有阶段并不能保证我们远离所有的风险，而我们每个人能做的就是保护现在的地球环境，保护我们和所有地球生命唯一的家园。

湖南省地质博物馆馆藏化石模型
南方古猿阿法种（*Australopithecus afarensis*）

大问地球

遇见地球宝藏

湖南省地质博物馆 编

中南大学出版社
www.csupress.com.cn

图书在版编目(CIP)数据

大问地球 / 湖南省地质博物馆编. —长沙：中南
大学出版社，2022.10
ISBN 978-7-5487-4976-9

Ⅰ. ①大… Ⅱ. ①湖… Ⅲ. ①自然科学－少儿读物
Ⅳ. ①N49

中国版本图书馆 CIP 数据核字(2022)第 112633 号

大问地球

DAWEN DIQIU

湖南省地质博物馆　编

□出 版 人　吴湘华
□责任编辑　伍华进
□责任印制　唐　曦
□出版发行　中南大学出版社
　　　　　　社址：长沙市麓山南路　　　　　邮编：410083
　　　　　　发行科电话：0731-88876770　　传真：0731-88710482
□印　　装　湖南鑫成印刷有限公司

□开　　本　787 mm×1092 mm　1/16　□印张 9　□字数 249 千字　□插页 8 张
□版　　次　2022 年 10 月第 1 版　　□印次 2022 年 10 月第 1 次印刷
□书　　号　ISBN 978-7-5487-4976-9
□定　　价　98.00 元

序言

　　古今中外，关于宇宙探秘、地球探索等的各种自然科普类读物可谓是汗牛充栋、浩如烟海。在信息化高度发达的今天，不管你脑海里有再多的"为什么"，都可以从互联网上检索到千奇百怪的答案。但是，人的精力终究是有限的，特别是青少年，在繁重的学业之外可以支配的读书时间更是极为宝贵。作为一家省级地质博物馆，为入馆参观体验的孩子们量身打造一套有料又有趣的科普书，是我们多年来的夙愿。

　　那么，怎样才能编出一部既受孩子们喜欢，又能得到家长和专家认可的作品呢？带着这个问题，我们的编撰人员做了大量的资料比选和社会调研，他们深入中小学，与老师、同学们进行广泛交流，他们走进入馆参观的人群中向家长、孩子们了解需求，他们向相关高校、院所、出版社和博物馆的专家、教授认真请教。随着一场又一场的调研论证，一轮又一轮的头脑风暴，思路越来越清晰，终于找到了一条别开生面的路径，那就是：**立足地学科普，结合馆校需求，以激发青少年好奇心和探索欲为核心，大手牵小手，专业加想象，共同创作一套有内涵无边际、有标准无定式、有目标无期限的开放式科普丛书。**

　　好奇心是人类探索未知的原动力，是孩子最宝贵的天赋，是孩子进入科学世界的敲门砖、金钥匙，也是培养未来科学家的起点。习近平总书记曾在2020年9月召开的科学家座谈会上指出："好奇心是人的天性，对科学兴趣的引导和培养要从娃娃抓起，使他们更多了解科学知识，掌握科学方法，形成一大批具备科学家潜质的青少年群体。"爱因斯坦也曾说过："我没有特别的天赋，我只是有强烈的好奇心。"面对充满未知的世界，哪个孩子不是天生的"十万个为什么"？谁的少年时期没有对大自然的奥秘讶异和着迷过？"大问地球"这套书就是把保护和激发青少年的好奇心放在首位，敞开想象，让孩子们自己问自己答，一人问多人答，全书收录的所有问题都是来自孩子们的真实提问。在孩子们头脑风暴的基础上，再由专家对相关领域的科学问题给出最新最权威的知识点，进一步引导孩子们不断思考和探究。

　　正是基于这些考量，"大问地球"的编撰者也是一支年轻精干的团队，他们均是湖南省地质博物馆地质、天文、古生物等领域的青年专家，既有扎实的理论功底，又有多年青少年科普教育实践，非常了解孩子们的"口味"。由于该书的编撰是一次全新的探索和尝试，离我们的初衷和大家的期待还有一定差距。但是，凡事总要迈出第一步，我们也希望借此收集老师、家长和孩子们更多的宝贵意见，让我们一起把这套书编得越来越好，让它真正成为孩子们自己的书！

黄远峰

黄远峰

湖南省地质博物馆馆长

湖南省地质博物馆馆长，
主编"大问地球"系列

钟 琦

湖南省地质博物馆副馆长

湖南省地质博物馆副馆长，
主编《遇见天空中最亮的星》

龚 淼

湖南省地质博物馆科教部部长

湖南省地质博物馆科教部部长，
主编《遇见化石明星》

专家

EXPERT INTRODUCTION

介绍

俞天石

湖南省地质博物馆展陈部部长

湖南省地质博物馆展陈部部长，
主编《遇见地球宝藏》

旷倩煜

湖南省地质博物馆科教部副部长

湖南省地质博物馆科教部副部长，
主编《遇见地球造型师》

目录 CONTENTS

你敢问我敢答

遇见地球宝藏

你敢问 我敢答

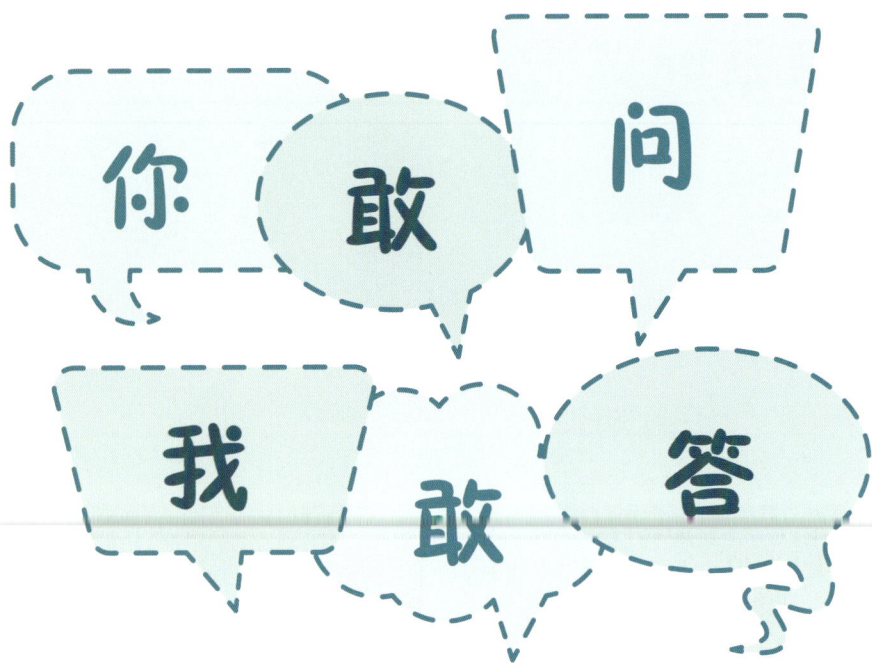

你 敢 问
我 敢 答

—— 宗梓贤 14岁 男 长沙外国语学校

俞老师答： 简单地说应力就是物体内部任何截面所受到的力。例如我们垂直于封面挤压一本书时，书里每一页纸所受到的力就是应力。

岩石的能干性是指岩石在力的作用下变形的难易程度，能干性越强的岩石越难以变形，能干性越弱的岩石越容易变形。例如能干性弱的岩石在挤压作用下会发生弯曲变形形成褶皱，能干性强的岩石在同样的挤压作用下就会发生破裂形成断层。

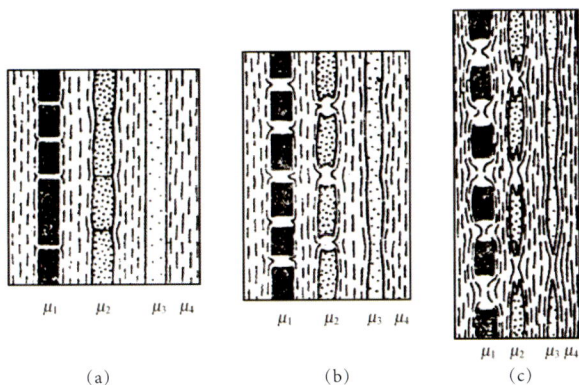

(a)　　　　　(b)　　　　　(c)

粗黑线条代表能干性强的岩石，细线条代表能干性弱的岩石

会发光的矿物称为荧光矿物，它们发光一般需要紫外线的照射才行。紫外线是一种能量很强的光线，它会激发矿物里原子周围的电子，让围绕原子核旋转的电子从一个轨道跃迁到另一个轨道。电子由于带有电荷，它们的跃迁释放了能量，这种能量以可见光的形式释放出来就成了我们看到的光。这就是部分矿物会发光的原理。

(a)　　　　　　　(b)

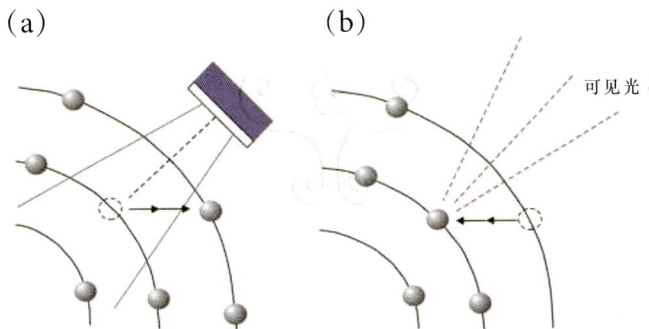

可见光

（a）荧光矿物在紫外线照射下，电子移至较高能阶轨域；
（b）电子移回较低能阶，并以可见光的形式释放能量。

我想知道地心有些什么？
—— 肖珺腾 9岁 男 博才阳光实验小学

俞老师答：地球的圈层结构像一个鸡蛋，地壳、地幔和地核分别对应鸡蛋的蛋壳、蛋清和蛋黄。地心就在最里面的地核部分里。地核又分为外核和内核，外核是熔融态的高速旋转的物质，可以想象成黏稠的岩浆在不断地运动；内核目前推测是固态的。

地核最主要的两种物质是铁和镍，因为它们密度比较大，在地球形成初期，整个星球还是熔融状态的时候，这些重的元素受引力的影响被吸引到了地球内部中心并聚集在了一起。

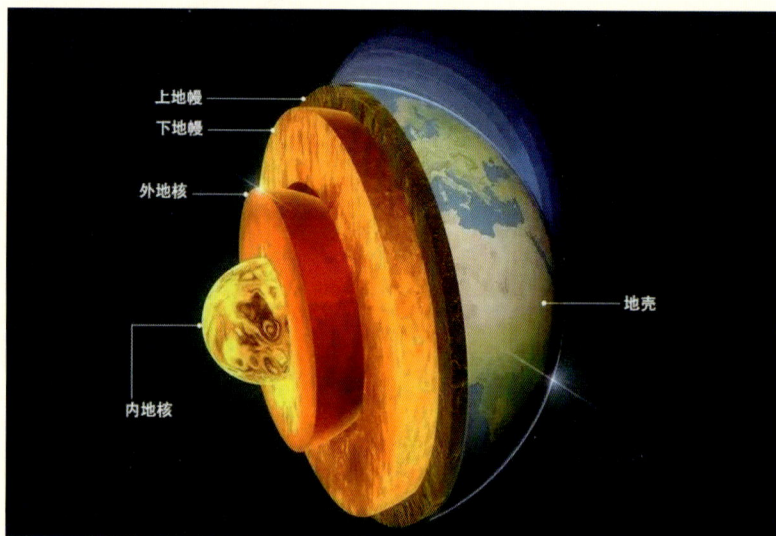

俞老师答： 在地球上累计发现的5400多种矿物里，有的可能在地球形成时就出现了，有的是在地球46亿年漫长的演化过程中逐渐形成的，例如和水相关的矿物，如石膏等，就是等地球有了水之后才出现。所以矿物形成的原因有很多种，有的是岩浆作用形成的，例如石英、云母等；有的是沉积作用形成的，例如赤铁矿、石膏；还有的是变质作用形成的，例如石榴子石、蓝闪石等；甚至还有的是风化作用形成的。不同的矿物形成于不同的地质作用。

矿物形成时的形态也受不同的因素影响，一般来说主要取决于结晶时的温度、压力以及生长环境。例如碳元素在高温高压下才会形成透明的钻石晶体，在低温低压环境只会成为石墨甚至煤。每种矿物都有自己固有的晶体形态，但只有在周围有足够空间时才能结晶成它固有的样子，否则只能在夹缝中和其他矿物一起生长为不规则形态。环境的酸碱性也影响着矿物的晶体形态，例如在碱性环境下，萤石通常为立方体；在中性环境下，为菱形十二面体；在酸性环境下，为八面体形态，有时还会形成球状几何体萤石。

湖南省地质博物馆馆藏矿物晶体
八面体萤石

湖南省地质博物馆馆藏矿物晶体
立方体萤石

遇见地球宝藏 ⌄

矿物，自然界里最基本最微小的物质单元，也是万物之源，生命之本。无论是雄伟壮阔的珠穆朗玛峰，还是我们手边的一支铅笔，都与矿物息息相关，它们是地球赋予人类的珍贵宝藏。

在自然界里，可以见到各种各样的矿物，有的质地坚硬，有的柔软；有的色泽鲜明，有的平淡无奇；形象不一，种类繁多。今天，人们已经发现了5400多种矿物，它们共同构成了我们这颗美丽的蓝色星球，并为人类的生存和发展提供着丰富的物质保障。

宝藏起源

每一块宝藏的诞生都是一个不一样的故事，可以是风，可以是雨，也可以是地底炙热的岩浆。

在不同的地质条件下，如温度压力的变化、物质来源的不同、地表的各种动能、区域上的构造运动等，都在影响着矿物的形成和改变。根据其成因上的差异，可以将作用类型分为内生、外生和变质三种。

1.内生作用

岩浆从地幔或地壳深处往上运动，靠近地表时，随着温度和压力的降低而冷却结晶，从而形成矿物，如橄榄石、石英、长石，这种现象称为内生作用，意思是从地球内部生成矿物的作用。内生作用根据岩浆活动和结晶过程的不同，又可以再细分为岩浆作用、伟晶作用、火山作用、热液作用等。

橄榄石

石英

长石

---

2. 外生作用

　　外生作用和内生作用相反，是在地球外部产生矿物的作用。随着地球早期大气圈的逐渐形成、水的出现和生物的诞生，在地球表面，也有越来越多的矿物形成。外生作用是矿物形成的最主要因素，也让我们可以时时刻刻观察到它们的诞生。根据风和水的影响，又可以将外生作用划分为风化作用和沉积作用，可形成如褐铁矿、针铁矿、高岭土、石膏等矿物。

褐铁矿

石膏

3.变质作用

内生作用和外生作用让地球上出现了许多的矿物，但它们诞生以后并不是就一成不变了。在一些特殊的温度、压力等环境下，一些矿物会发生改变，形成另一种矿物，就像夏天没有放进冰箱的食物发生了变质一样，这个过程在矿物界里也称为变质作用。

变质作用，让已经形成的矿物变得更加丰富多彩。常见的变质矿物有绿泥石、红柱石、刚玉、夕线石和蓝闪石等。

刚玉

蓝闪石

宝藏长什么样？

矿物不同的诞生环境造就了它们迥然有别的外形。有的透明如水，有的披着多彩的外衣，有的奇形怪状……认识它们，我们首先从观察它们的形态和颜色开始。

1.形态

不同矿物在形成过程中，会生长成形态各异的晶体形态。有些矿物能形成整齐的晶体，如石盐是立方体，水晶是六面体，云母是六边形的片状，辉锑矿是柱状。它们的大小悬殊，有的能用肉眼看出来，有的需要借助显微镜才能看清楚。矿物的晶体一共有47种单体形态，它们之间还可以组成许多聚集在一起的形态，比如晶簇状、葡萄状、粒状、纤维状、放射状等。有的矿物只有一种晶体形态，而有些矿物可以呈现出多种晶体形态。例如方解石，有两百多种晶体形态，比孙悟空的七十二变还厉害。

石盐

钻石

十字石

石英

石榴子石

辉锑矿

方解石

蓝晶石

水晶

云母

方解石

葡萄石

2．颜色

矿物具有五彩缤纷的颜色，与其他物体一样，矿物的颜色也是通过对自然可见光中不同波长的光波选择性吸收后，由透射和反射而决定的。正是矿物颜色的多样性，让大自然变得更加绚丽，也造就了各色宝石来装饰我们的生活。

根据矿物颜色的产生原因，可以将颜色分为矿物本身形成的颜色"自色"，例如黄金就是它本身的金色；以及其他杂质导致的颜色"他色"，例如因混入了杂质而使多彩水晶呈现各种颜色；还有因为光学效应而出现的"假色"，例如拉长石中出现的蓝绿、金黄等颜色。

自然金

紫水晶

拉长石

3．条痕色

当我们用粉笔在黑板上写字，白色的粉笔会写出白色的字，黄色的粉笔会写出黄色的字，蓝色的粉笔会写出蓝色的字。字的颜色总是与粉笔的颜色相同。而当我们用矿物在白色的瓷片上刻划时，划出的线条就不一定是矿物本身的颜色了。例如看起来是金黄色的黄铁矿，划出的颜色却是黑绿色；无色的水晶，会划出白色的条痕。当然也有一些矿物划出的颜色和本身的颜色一致，比如黑色的石墨，划出的条痕也是黑色。

矿物在白色瓷片上刻划出的颜色，称为矿物的条痕色，是鉴别矿物一个很重要的标识。

雄黄

石墨

辰砂

蓝铜矿

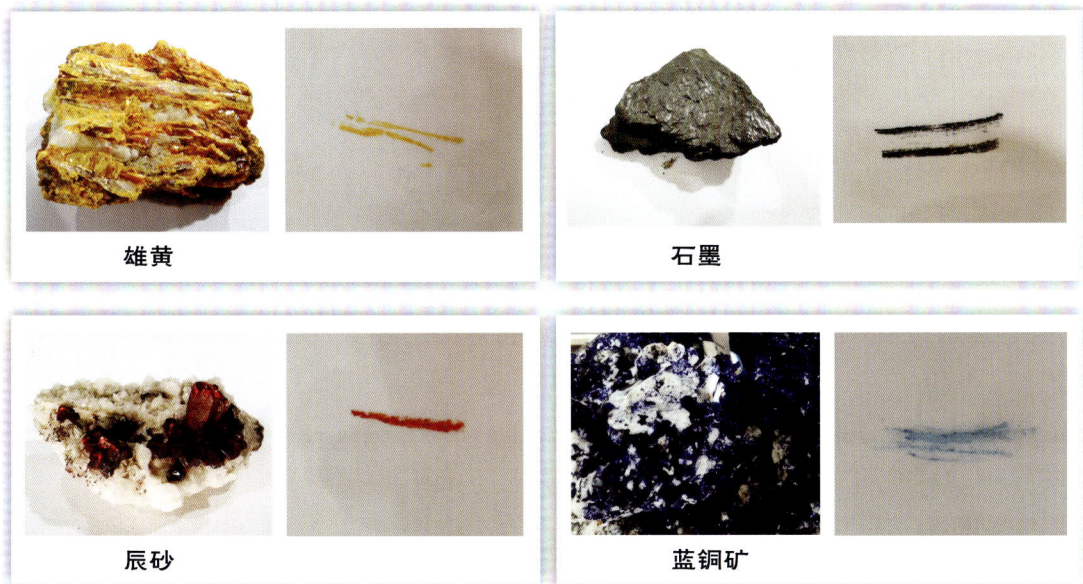

▲ 矿物和瓷片条痕

4. 光泽

　　除了矿物所呈现出来的颜色，它们本身对光线的反射程度也差异明显。一般来说，矿物对光的折射或吸收越强，其光泽就越强。按照反光能力从强到弱，依次可以将光泽分为金属光泽、半金属光泽、金刚光泽和玻璃光泽。

　　自然界中的矿物如黄铁矿、自然金，会呈现出金属磨光面的金属光泽；如果矿物呈现的光泽略暗淡，就表现为半金属光泽，例如赤铁矿、黑钨矿的光泽；金刚石、雄黄等呈现的为金刚光泽；反光能力最弱的矿物，例如石英、方解石，呈现的是玻璃光泽。

　　在不平坦的矿物表面，还可呈现出更多样的特殊光泽。例如石英、石榴子石等的油脂光泽；沥青铀矿、锡石等的沥青光泽；白云母、透石膏等的珍珠光泽；纤维石膏、石棉等的丝绢光泽；叶蜡石、蛇纹石等的蜡状光泽；高岭石、褐铁矿等的土状光泽。

金刚石

黄铁矿

石英

高岭土

5.透明度

透明度是光线穿过矿物的程度，根据光线穿过矿物的多少可以将矿物分为透明、半透明和不透明矿物。例如光线可以全部穿过无色的石英，所以石英是透明的；只有一部分光线可以穿过辰砂，所以辰砂是半透明的；没有任何可见光可以穿过磁铁矿，所以磁铁矿是不透明的。

透明石英

辰砂

磁铁矿

6．硬度

矿物的硬度是矿物抵抗刻划、压入、研磨等机械破坏的能力。越难被刻划出痕迹的矿物硬度越高。

1822年，德国矿物学家莫斯提出了划分矿物硬度的莫氏硬度计，并用1～10来表示矿物的硬度。

莫氏硬度计：1——滑石；2——石膏；3——方解石；4——萤石；5——磷灰石；6——长石；7——石英；8——黄玉；9——刚玉；10——金刚石。

由此可见，矿物界里最硬的是金刚石，这奠定了它在宝石里名贵程度排名第一的地位。除了使用专业仪器测定矿物的硬度，在日常生活中，我们还可以借助指甲（硬度2.5）和小刀（硬度5.5）来帮助鉴别矿物。

莫氏硬度计

10 金刚石

刚玉 9

8 黄玉

石英 7

6 长石

磷灰石 5

5.5 小刀

4 萤石

方解石 3

指甲 2.5

2 石膏

滑石 1

7．解理与断口

作为宝藏的矿物并不是坚不可摧的，它们也会有被破坏发生断裂的时候。有时它们会沿着一个平整的平面裂开，有时断面会参差不齐。平整的破裂面称为解理，不平整的破裂面称为断口。

断口

解理

名贵的珍宝

每一种矿物对人类来说都是宝贝，但它们所发挥的作用是不同的。从它们的美和人们对它们的喜爱程度来看，有些可以作为宝石，是它们中的"贵族"，其中最名贵的是金刚石（钻石）、刚玉（红宝石、蓝宝石）和绿柱石（祖母绿）。

纯净的组成和特殊的晶体结构使钻石成为世界上最坚硬且珍贵的矿物，它们大多形成于地下约200千米的深处。某些钻石的形成已有30亿年之久，2000多年前，钻石最先在印度的河流沙砾中被人们发现。1725年，巴西成为钻石的主要产地。直到1870年，南非的钻石生产才逐渐有了较高的地位。现在，全世界大约有20个国家出产钻石。

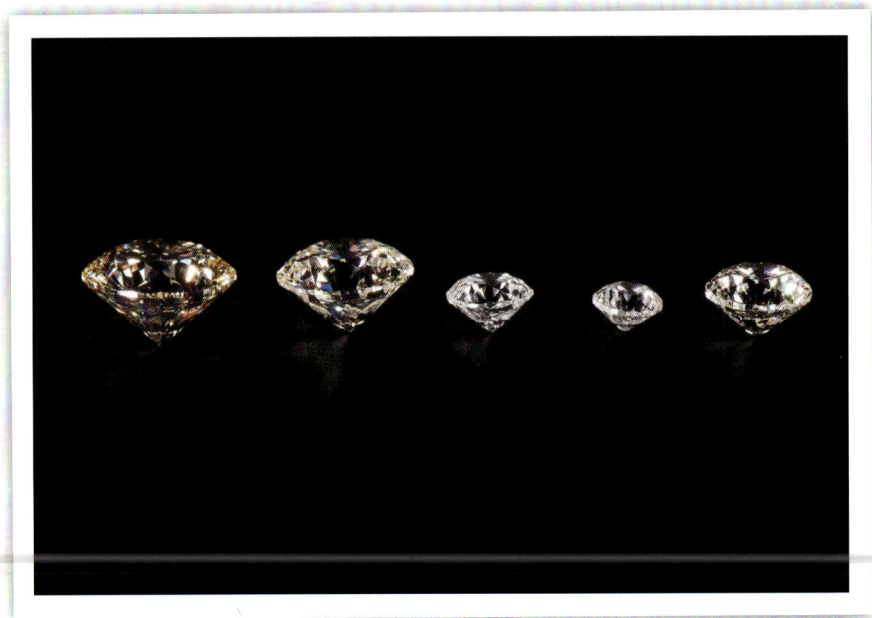

钻石

红宝石和蓝宝石都属于刚玉，是由氧化铝组成的矿物。只有纯红色的刚玉我们才称为红宝石，其他所有颜色的刚玉均被称为蓝宝石。刚玉的硬度仅次于钻石，大多数是在沙砾中被发现的，最有名的产地是缅甸、克什米尔和斯里兰卡。

红宝石

蓝宝石

绿柱石因色泽美丽，经久耐戴，也用于制作宝石。最有名的绿柱石是绿色的祖母绿和蓝绿色的海蓝宝石，黄绿色绿柱石被称为金绿宝石。云母片岩是祖母绿的典型原岩，大多数祖母绿中含有云母和角闪石，还有一些绿柱石产于伟晶岩和花岗岩中。

世界上最精美的祖母绿来自哥伦比亚的木佐和契沃尔周边地区。

今天，一种矿物要被称为宝石，必须具备三个条件：美丽、持久和稀有。世界上已发现5400多种矿物，但只有100种左右可以作为宝石。

祖母绿

宝藏有什么用？

矿物种类繁多，性质也各不相同，它们在人类生活的各个领域发挥着各自的作用，体现出自身独特的价值。除上面提到的作为宝石装点人们的生活外，有的还可以治病救人、绘制图画、作为货币、作为能源材料等。

1. 药用矿物

药用矿物作为中药中一类极具特色的组成部分，有着复杂而奇妙的用药配伍原则和方法，是千百年来人们智慧的结晶。我国最早记录有药用矿物的书籍是《山海经》，书中记载了60余种矿物药材。经过长期实践经验的总结，药用矿物同药用植物、药用动物一样，不断发展，应用不衰。

矿物的药性、用药方式和剂量等一直被反复论证。例如我们熟悉的辰砂，也称为朱砂，虽然今天我们都知道朱砂是有毒性的，但在清代以前朱砂却一直被奉为医药"上品"，具有镇静安眠、解毒防腐和抑菌的作用。又比如雌黄可以治疗疟疾，石膏可以清热解毒、泻火等。

辰砂

雌黄

2．颜料矿物

从古至今，画家们使用的颜料大致可分为三类：矿物颜料、植物颜料、化学合成颜料。

著名的《千里江山图》历经千年仍然色彩艳丽，清晰动人，奥妙所在就是它使用的是矿物颜料。这幅画以水墨打底，赭石（赤铁矿）铺垫，石绿（孔雀石）上色，石青（蓝铜矿）渲染，最后用明胶固色，经过数道工序，让凝聚万千诗意，蕴藏着中国传统文化雅致与韵味的色彩跃然纸上。就是这些神奇的矿物为画家守护了千年的浪漫，让我们得以穿越时间领略前人眼中的风景。

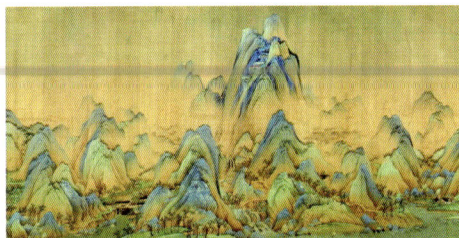

▲ 千里江山图（局部）

▲ 千里江山图（局部）

中国矿物颜料依靠其使用广泛、工艺成熟等特点，逐渐演变出更多颜色，这些颜色让中国画更有表现力，也让中国画在矿物颜料的使用上形成了多种模式。矿物颜色具有稳定、长久不变色的特征。颜料矿物主要有：

辰砂

又称朱砂、丹砂，鲜红色，与辰砂相关的词有"朱笔御批""涂朱甲骨"等，可历经千年不褪色。

赤铁矿

也称赭石，暗红色，在历代洞窟中应用最普遍，如敦煌石窟中壁画都以此作底色。

褐铁矿

是铁的氢氧化物，黄色、褐色、红褐色。

雄黄

暗红色至橘红色。

雌黄

橘黄色至柠檬黄色，古代常用来作涂改液，"信口雌黄"由此而来。

氯铜矿

亮绿色至浅黑绿色，敦煌石窟中绿壁画的颜料基本都是氯铜矿。

孔雀石

又称石绿，从暗绿色、鲜绿色到白色，在中国古代常作为金属器皿的镶嵌物，或在壁画中为祥云及绿色叶子上色。

蓝铜矿

古称石青，浅蓝色至深蓝色，作为蓝色颜料，广泛用于石窟、寺院，在秦始皇兵马俑彩绘、敦煌壁画中都有应用。

青金石

又名金精、佛青、蓝赤，深蓝色至紫色，具有美丽的天蓝色，古代广泛用于石窟蓝色彩绘。

石膏

常为白色和无色，作为普及型的白色颜料，用于壁画和彩塑，也可与各种颜料调成深浅不同的颜色。

高岭石

主要为白色，山西大同云冈石窟白色颜料主要是高岭石。

云母

用于颜料的主要为白云母、金云母，利用云母节理非常发育的特性，剥离成有弹性的透明薄片，作为银光闪烁的银白色颜料。

3.货币矿物

　　我国是世界上最早使用货币的国家之一，最早使用的货币是商朝的贝币，随着商品交换的扩大，天然的贝来源有限，便出现了仿制贝。

　　公元前221年，秦始皇统一六国，规定全国使用统一的货币——黄金和铜钱。到了汉武帝时期，国家对钱币形制进行总结发行了"五铢钱"，规定了铜钱的成色和外圆内方的形状、大小以及重量。唐高祖时期，国家对钱币进行了重大改革，废除了五铢钱，铸造"通宝钱"，并一直沿用到了清朝。

　　除了铜币，金和银更是人们熟知的货币"代言人"。公元前3000年以前，黄金在古国埃及第一次被人类所认知。5000年前，金和银被用来加工成饰品。金、银和铂（白金）虽然都是晶体，但少有单晶，在人类进入需要用货币进行物质交换的时期后，和铜一样，黄金和白银也成为制作货币最优的选择之一。

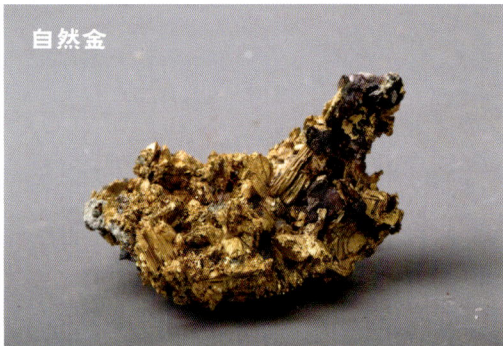

自然金

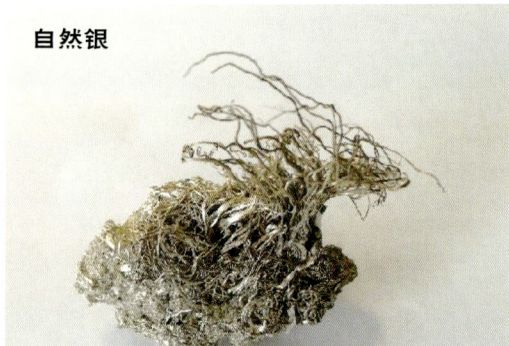

自然银

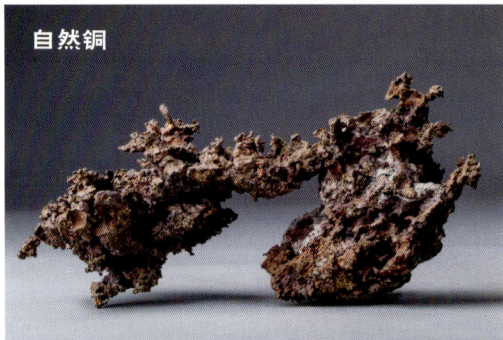

自然铜

铜币

4．科技发展中的矿物

今天，工业发展带给我们的很多常见用品，都离不开矿物晶体。留声机中的唱针，一般是用耐磨的钻石或者刚玉制成；用于制作控制手机、电脑、汽车等芯片的半导体，则是由硅晶体制成。

人们利用矿物晶体的光学等物理性质，使其在我们的生产生活各个方面都发挥着重要作用。萤石因在光学上具有低色散、低折射率和对紫外线、红外线滤光性高等特性，而被用来制作棱镜和高质量的光学元件，例如卫星和高端相机的镜片。

萤石

用萤石制造的相机镜头

压电石英在交流电场中，电信号频率等于石英晶体固有频率，会产生谐振现象。而这种谐振现象被借鉴用以制作手表中的谐振器，配合控制电路形成振荡器，振荡器可以作为时间频率控制的标准，控制精准且受环境温度影响小，是石英表的核心部件。

除了手表，在很多需要进行时间、频率控制的电器中，都会安装压电石英晶体谐振器，如雷达、计算机、电视、冰箱、GPS等。

石英

石英表

宝藏藏在哪？

虽然已经知道矿物对我们来说意义非凡，价值巨大，但我们平时很少能在大自然中看到矿物结成的晶体。因为矿物要生长成典型的晶体需要三个条件：足够的封闭空间，稳定的物质来源和适合的温度压力等环境条件。现实中一般只有地下深处的极少部分位置同时具备这些条件，所以具有明显典型晶体的矿物并不多见。

那么绝大部分矿物都藏在哪里呢？答案是都藏在了对我们来说再普通和熟悉不过的石头中，也就是岩石里。因为岩石本质上是矿物组成的集合体。任何一块岩石都是由一种或几种矿物组合而成的，例如灰岩主要由方解石组成，花岗岩主要由石英、长石、云母和角闪石组成。

有意思的是，90%的岩石只由5400多种矿物里的7种组成，称为"七大造岩矿物"，它们是石英、长石、云母、角闪石、辉石、橄榄石和方解石。

▶ **七大造岩矿物图**

石英

长石

云母

角闪石

辉石

橄榄石

方解石

岩石的种类

和矿物一样，岩石也分很多种。不同类型的岩石的成分、结构等特征也各不相同。但有一些特性是一致的：它们都是天然形成的，都是由矿物组成的固态集合体。那些松散的土壤、火山灰、砂石等，不能称为岩石。还有石油、天然气等不是固态的物质，也不是岩石。

根据形成的原因，可以将岩石分为三大类：沉积岩、岩浆岩和变质岩。

沉积岩是被风化作用破坏后，松散的砂石泥土碎屑等沉积物经过风或者水的搬运，在江、河、湖、海的底部沉积下来，并经过漫长压实作用而形成的岩石。比如细粒砂岩，就是在浅海中沉积形成的。值得一提的是，冰川携带着冻住的砂石和其他物质运动，融化沉积后也可以形成沉积岩，例如冰碛砾岩。所以沉积岩并不都是在水下形成的。

细粒砂岩

冰碛砾岩

岩浆岩很好理解，就是岩浆形成的岩石。岩浆在地下深处时由于温度和压力都比较大，是熔融状态的。当它沿着地壳里的裂隙往上喷涌，越靠近地表温度和压力越低，熔融的岩浆就会慢慢冷却凝固。有的岩浆通过火山喷发喷出地表，在空气中迅速冷却凝固，形成了喷出岩，也称为火山岩，比如玄武岩、安山岩都是代表性的喷出岩。有的岩浆还没有喷出地表，在地底下就冷却凝固了，从而形成了侵入岩，比如花岗岩就是最具代表性的侵入岩。

玄武岩

花岗岩

变质岩是由之前先形成的沉积岩或者岩浆岩经过变质作用形成的岩石。关于"变质"我们并不陌生，天气炎热的夏天，食物如果不放进冰箱，很快就会变质。岩石也一样，在高温或者高压下，组成岩石的矿物的排列方式、矿物颗粒的大小和种类就会发生改变。矿物组成和结构改变了，岩石的种类自然也就变了。例如石灰岩经过变质作用后形成大理岩，页岩经过变质作用后形成板岩。

石灰岩

大理岩

这三类岩石并不是一旦形成，就不再改变了的。它们无时无刻不在相互转化着。出露于地表的岩浆岩、变质岩及沉积岩，在风化作用、搬运作用、沉积作用等地质作用下，可以重新形成沉积岩。沉积岩经构造运动又可以卷入或埋藏到地下深处，在高温高压的环境里经过变质作用形成变质岩。当地下的温度高到可以把岩石熔融时，又可以转变成岩浆，在上涌过程中形成岩浆岩。

这些过程每时每刻都在地球上发生着。

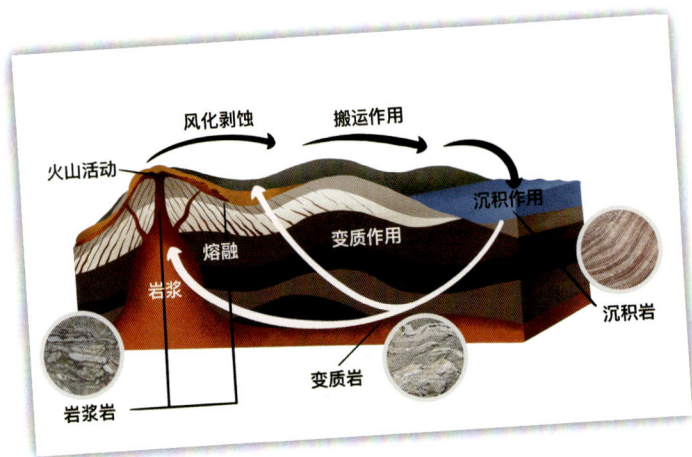

岩石循环
示意图

怎样识别一块石头？

当我们去郊游、爬山感受大自然时，怎样判断一块岩石属于上面说的哪一类呢？接下来，我们就来了解一下三类岩石各自的特征，熟悉这些特征以后，我们就能很容易识别一块岩石到底属于哪一类了。

沉积岩的特征：

沉积岩是沉积物沉淀积累的结果，其形成是一个十分漫长的过程。由于在很大的时间跨度里，沉积物和水动力并不一定是均匀的，加上物质来源与沉积环境差异，所以不同时期的沉积物的颜色、厚度等也并不是完全一样的。这就造成了沉积岩分层的特征，地质学里将其称为沉积岩的层理。这些层理让沉积岩看起来就像一本本颜色和厚度不同的书叠放在一起，由于沉积岩记录了漫长的地球历史，也被比喻成地球的"日记本"。在这本厚厚的"地球日记"里，曾经生活在地球上的生物们，死后也经常作为化石被埋藏在沉积岩里。同时，煤、石油和天然气等化石燃料也是沉积岩里蕴藏的丰富能源。

根据组成沉积岩的沉积物的不同，可以判断出它是在什么环境下沉积的。例如沙土和砾石夹杂在一起的砾岩，往往是在河流里沉积形成的；大小均匀的细小沙粒构成的砂岩，通常是在浅海里形成的；灰白色的石灰岩，则是在深海里通过化学反应形成的以碳酸钙为主的沉积岩。

具有层理的沉积岩

岩浆岩的特征：

岩浆岩里喷出岩和侵入岩的特征是截然不同的。喷出岩是在地表空气中快速冷却形成的，所以矿物一般来不及结晶形成肉眼可见的矿物颗粒，使得整块岩石看起来一般是黑乎乎的。但也因为冷却得太快，所以在岩浆里挥发性的气体快速挥发的过程中，会在喷出岩的内部和表面形成许多大大小小的气孔和通道，称为喷出岩的气孔构造。当喷出岩被埋藏到地下，这些气孔和通道有时会被其他矿物填充，从而让喷出岩看起来像表面镶嵌了许多小"杏仁"，这称为杏仁构造。还有的喷出岩成分比较均一，硅含量比较高，快速冷却时可以形成玻璃一样的质地，黑曜岩就是最典型的例子。

气孔状的玄武岩

黑曜岩

侵入岩里就不会出现气孔、"杏仁"或者类似玻璃的样子。由于侵入岩是岩浆在地下冷却凝固的，所以冷却的速度相比喷出岩要缓慢很多。岩浆里的矿物有足够的时间慢慢结晶，形成一颗一颗米粒大小的矿物颗粒，让它看起来像是芝麻做成的糕点。

花岗岩

变质岩的特征：

因为岩石在变质过程中，内部矿物的排列方式发生了改变，而且经常会出现趋于某一个固定方向的趋势，所以导致变质岩表面看起来和沉积岩一样也有一条一条的条带。但变质岩里的条带通常并不那么平直，弯弯曲曲，而且因为是不同矿物交替定向排列的结果，所以颜色、光泽等也有明显的差异。

变质岩

有的从沉积岩变质成的变质岩还能保留
之前的层理，例如板岩虽然是变质岩，但仍
然有非常平直的层状特征，在野外很容易与
沉积岩相混淆。

板岩

要科学准确地辨认石头，除了利用肉眼辨别，还需要借助实验的手段。

例如以碳酸盐为主形成的灰岩或其他碳酸盐岩，在遇到盐酸时会冒出大量气泡。这
是因为碳酸盐和盐酸会发生化学反应，释放出大量二氧化碳气体，所以滴几滴盐酸是鉴
别碳酸盐岩最简单的实验方法。

灰岩

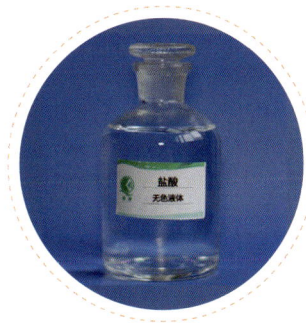
盐酸

有的岩石表面特征不明显，需要借助放大镜甚至显微镜才能分辨出它是由哪几种矿
物组成的。所以在实验室里，科学家们会把它切一小块磨成透明的薄片，放到显微镜下
观察。有的矿物颗粒在显微镜下虽非常相似，但可以
借助偏光显微镜，利用不同矿物对光的折射程度不同
而识别出来。

黑云母片岩薄片

简单地说，识别岩石，最准确的方法是分辨出它
里面有哪些矿物。把组成它的矿物弄清楚了，它是什
么岩石也就显而易见了。

岩石是另一种宝藏

地球是一颗具有圈层结构的固态星球，固体地球最外的圈层，便是岩石圈。岩石构成了地球坚固的表面，山脉、丘陵、盆地、平原、岛屿等都是由岩石组成的。而且还有各种奇特的地貌景观，例如花岗岩形成的奇山异石，我国著名的"三山五岳"均含有花岗岩。灰岩为主的地区则很容易找到溶洞和石林，它是喀斯特地貌的物质基础。

花岗岩地貌

喀斯特地貌

岩石在自然界中的广布性和丰富性，使其成为最容易被史前居民获取的资源之一。

旧石器时代中期以前，原始社会时期人类的生产活动往往受到自然条件的极大限制，制造石器一般就地取材，从附近的河滩上或者从熟悉的岩石区拣拾石块，打制成合适的工具。

对于石锄这种用于耕作、消耗量较大的工具，先民们一般选用具有板状构造的板岩、泥质板岩、绢云母泥质板岩来制作，这类岩石主要由石英、绢云母、黏土矿物等组成，易于加工成型，硬度中等，韧性较大，制作出的工具在耕作时不易破裂。

石锄

石磨盘、石磨棒主要由砂岩制作，这是因为砂岩主要由两类物质构成，一类是颗粒物质，即石英、长石和岩屑，硬度较大；另一类为胶结物，多为黏土质，硬度较低。颗粒物胶结不牢固，在研磨谷物的过程中岩石表面易于更新，使锐利的岩屑不断裸露，钝化的颗粒脱落，导致岩石的研磨性提高。另外，砂岩结构粗糙，颗粒与谷物的接触面积小，载荷集中，有利于谷物皮壳的脱除。

石磨盘

石磨棒

石片、石叶、石镞这些用于刮、削和狩猎的工具，选材也是十分讲究，多采用玻璃质和隐晶质或胶体沉积的岩石，化学成分多为硅质，这类岩石的主要矿物成分是自生石英、玉髓和蛋白石，硬度高，结构细腻，又有韧性，可以保证石器呈现出既薄又锋利的刀刃。

石片

石镞

锛形器多用安山岩制作，这类岩石含有石英、角闪石和黑云母，平行节理发育，便于打制。

锛形器

在长达300多万年的历史时空中，以石英矿物为主的石质材料当之无愧地成为人类诞生以来使用时间最长的工具原料。时至今日，我们对岩石的研究更加深入，岩石不单单只是打磨后用作工具，人们还利用岩石的化学组成和物理性质，经过加工将它们用于建筑、装饰、化工、冶金等诸多方面。比如石灰岩可以制造水泥和塑料，白云石可以用来制造耐火材料，珍珠岩可以用来做绝热和保温材料，玄武岩可以用来生产铸石，黏土可以用来做陶瓷，砂石可以铺路，煤可以做燃料，火山岩沸石可以作为天然分子筛，等等。

花岗岩、大理岩因为外观华丽和坚硬耐磨，被人们广泛用作建筑装饰石材。我国各地的很多重要建筑，如大会堂、博物馆、图书馆、大剧院等都是用岩石做石材修建而成的。近年来，很多漂亮的建筑石材如大理石等也走进千家万户，为家居装修起到了美化的作用。

岩石更多元化地被利用到我们的生活中。

大问地球

遇见地球造型师

湖南省地质博物馆 编

中南大学出版社
www.csupress.com.cn

图书在版编目(CIP)数据

大问地球 / 湖南省地质博物馆编. —长沙：中南
大学出版社，2022.10

ISBN 978-7-5487-4976-9

Ⅰ. ①大… Ⅱ. ①湖… Ⅲ. ①自然科学－少儿读物
Ⅳ. ①N49

中国版本图书馆 CIP 数据核字(2022)第 112633 号

大问地球
DAWEN DIQIU

湖南省地质博物馆　编

□出 版 人	吴湘华		
□责任编辑	伍华进		
□责任印制	唐　曦		
□出版发行	中南大学出版社		
	社址：长沙市麓山南路	邮编：410083	
	发行科电话：0731-88876770	传真：0731-88710482	
□印　　装	湖南鑫成印刷有限公司		

□开　　本	787 mm×1092 mm 1/16	□印张 9	□字数 249 千字	□插页 8 张
□版　　次	2022 年 10 月第 1 版	□印次 2022 年 10 月第 1 次印刷		
□书　　号	ISBN 978-7-5487-4976-9			
□定　　价	98.00 元			

序言

古今中外，关于宇宙探秘、地球探索等的各种自然科普类读物可谓是汗牛充栋、浩如烟海。在信息化高度发达的今天，不管你脑海里有再多的"为什么"，都可以从互联网上检索到千奇百怪的答案。但是，人的精力终究是有限的，特别是青少年，在繁重的学业之外可以支配的读书时间更是极为宝贵。作为一家省级地质博物馆，为入馆参观体验的孩子们量身打造一套有料又有趣的科普书，是我们多年来的夙愿。

那么，怎样才能编出一部既受孩子们喜欢，又能得到家长和专家认可的作品呢？带着这个问题，我们的编撰人员做了大量的资料比选和社会调研，他们深入中小学，与老师、同学们进行广泛交流，他们走进入馆参观的人群中向家长、孩子们了解需求，他们向相关高校、院所、出版社和博物馆的专家、教授认真请教。随着一场又一场的调研论证，一轮又一轮的头脑风暴，思路越来越清晰，终于找到了一条别开生面的路径，那就是：**立足地学科普，结合馆校需求，以激发青少年好奇心和探索欲为核心，大手牵小手，专业加想象，共同创作一套有内涵无边际、有标准无定式、有目标无期限的开放式科普丛书。**

好奇心是人类探索未知的原动力，是孩子最宝贵的天赋，是孩子进入科学世界的敲门砖、金钥匙，也是培养未来科学家的起点。习近平总书记曾在2020年9月召开的科学家座谈会上指出："好奇心是人的天性，对科学兴趣的引导和培养要从娃娃抓起，使他们更多了解科学知识，掌握科学方法，形成一大批具备科学家潜质的青少年群体。"爱因斯坦也曾说过："我没有特别的天赋，我只是有强烈的好奇心。"面对充满未知的世界，哪个孩子不是天生的"十万个为什么"？谁的少年时期没有对大自然的奥秘讶异和着迷过？"大问地球"这套书就是把保护和激发青少年的好奇心放在首位，敞开想象，让孩子们自己问自己答，一人问多人答，全书收录的所有问题都是来自孩子们的真实提问。在孩子们头脑风暴的基础上，再由专家对相关领域的科学问题给出最新最权威的知识点，进一步引导孩子们不断思考和探究。

正是基于这些考量，"大问地球"的编撰者也是一支年轻精干的团队，他们均是湖南省地质博物馆地质、天文、古生物等领域的青年专家，既有扎实的理论功底，又有多年青少年科普教育实践，非常了解孩子们的"口味"。由于该书的编撰是一次全新的探索和尝试，离我们的初衷和大家的期待还有一定差距。但是，凡事总要迈出第一步，我们也希望借此收集老师、家长和孩子们更多的宝贵意见，让我们一起把这套书编得越来越好，让它真正成为孩子们自己的书！

黄远峰

黄远峰

湖南省地质博物馆馆长

湖南省地质博物馆馆长，
主编"大问地球"系列

钟 琦

湖南省地质博物馆副馆长

湖南省地质博物馆副馆长，
主编《遇见天空中最亮的星》

龚 淼

湖南省地质博物馆科教部部长

湖南省地质博物馆科教部部长，
主编《遇见化石明星》

专家介绍

EXPERT INTRODUCTION

俞天石

湖南省地质博物馆展陈部部长

湖南省地质博物馆展陈部部长，
主编《遇见地球宝藏》

旷倩煜

湖南省地质博物馆科教部副部长

湖南省地质博物馆科教部副部长，
主编《遇见地球造型师》

目录 CONTENTS

你敢问我敢答

遇见地球造型师

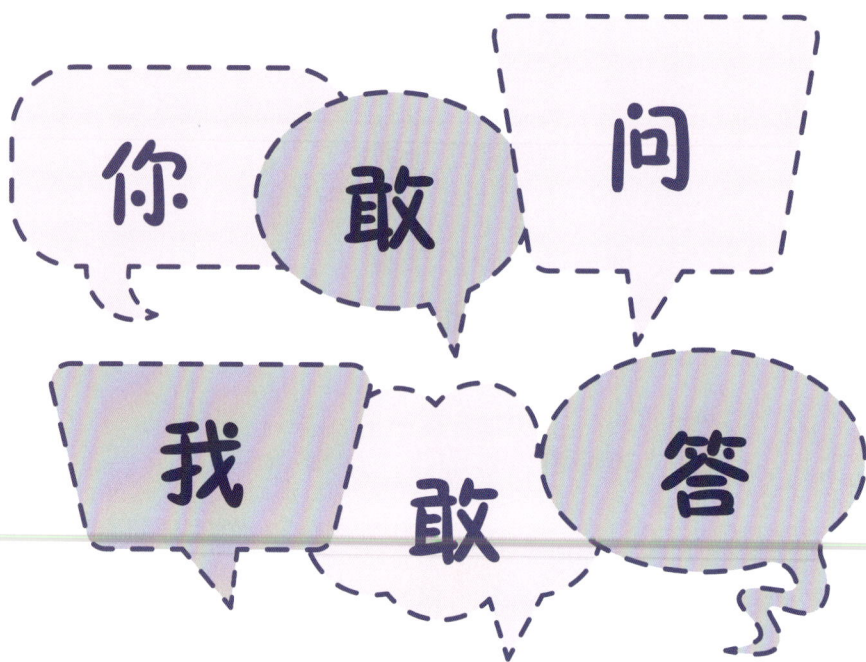

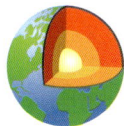

为什么有的火山可以喷发，有的不能？

—— 邬欣洁 15岁 女 湖南大学附属中学

旷老师答： 每向地下深入100米，温度就会增高2.5℃，所以越往地下走，温度就越高，最高可以达到6000℃。这么高的温度足以让所有的岩石熔化，形成岩浆。当这些岩浆里的气体压力累积到一定程度，岩浆就会顺着岩石圈上较大的断裂口、断裂带喷发出来，有时候甚至可以突破地表薄弱处，这就是火山喷发形成的原因。

火山喷发
形成的原因

　　火山按照活动情况可分为活火山、死火山和休眠火山。如何界定一座火山是活火山还是死火山？在我国，普遍认为1万年以来有过喷发的火山是活火山。但是从严格意义上来说，死火山、活火山的判断主要是看火山下面是否存在活动的岩浆，火山周围是否有冒着热气的地面或者高温沸泉，火山周围是否有微小的震动，火山附近是否有明显的地形变化，等等。由于地壳是不断运动的，所以活火山、死火山和休眠火山之间没有严格界限，在地球地貌演化历程中，这三种状态都只是暂时的。

地震是怎么产生的？

—— 詹欣荣　7岁　男　湘府英才小学

提问

旷老师答： 根据地震发生的原因，可以将地震分为4类：构造地震、火山地震、陷落地震和诱发地震。构造地震是由于受到构造力的作用，岩石层断裂或错动所引起的。岩石层受到某些构造力的作用逐渐变形，当岩石层承受不住这些力时，最终变形破裂，被"弹回"到原来的位置，所以构造地震也被称为断裂地震。这类地震分布最广，破坏力最强，约占全世界地震的80%。火山地震一般是由火山活动引起的地震，多发生在火山活动区。陷落地震往往发生在溶洞密布的碳酸盐岩地区。采矿活动、水库蓄水、抽取地下水等也会诱发地震。

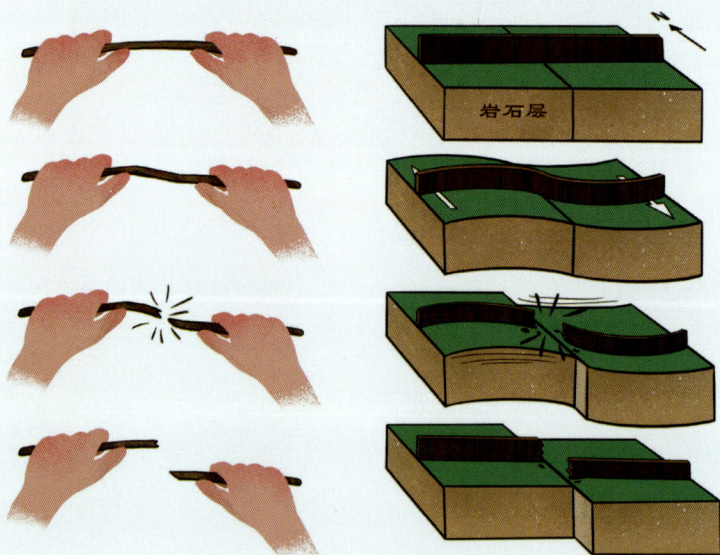

构造地震是如何产生的

如何才能更好地保护我们的环境？

—— 彭艺馨 9岁 女 青园中信小学

旷老师答： 越来越多的证据证明，人类活动与环境变化息息相关：二氧化碳的排放造成温室效应；围湖造田、围海造田破坏了海洋生态环境；过度开垦破坏了地表植被，使水土流失加剧；地质灾害频发与人类不合理的行为密切相关。那么，如何保护我们赖以生存的家园——地球？首先我们可以从自己做起：少用或者重复利用塑料袋，尽量选择可降解或纸质包装袋；节约用水，刷牙洗脸时关闭水龙头，一水多用，洗脸水可用于浇花或者冲厕所；绿色出行，尽量选择公共交通工具，短距离路程步行前往，在减少碳排放的同时还可以锻炼身体；节约用电，每天少看1小时电视、少玩1小时手机，多亲近大自然，呼吸新鲜空气，既有利于身心健康，保护视力，还可以节约电量，一举两得；坚持垃圾分类，部分垃圾通过辛勤的工作人员的处理可以变废为宝，二次利用，所以做好垃圾分类工作很重要，不仅能提高垃圾二次利用的效率，在节约资源的同时，还能保护我们的环境。

遇见地球造型师 ⌄

地球是我们赖以生存的家园。这里有高耸入云的山峰，有深不见底的海沟，有一望无际的平原，还有层峦叠嶂的丘陵、广袤无垠的大漠、旷远深邃的高原、奔涌不息的河流、波澜壮阔的大海……这些都是地球馈赠给人类的珍贵财富。地球造型师究竟用了哪些神奇手法造就出这些绚丽缤纷的地形地貌？快跟紧我们探索的步伐吧！

一、全球地貌造型分类

地球上陆地的地貌造型根据形态特征分为山地、丘陵、平原、高原、盆地。地球造型师偏爱山地，所以山地造型多样，人们也经常用"雄""险""幽""峻""秀"来形容山地，山地的海拔一般超过500米，坡度较大。造型师在设计丘陵的时候，虽然参照了山地造型，但是将丘陵的海拔降低到500米以下，以便人们能够分辨出两种地形。地球造型师认为地球上还应该要有适合人类居住的地方，所以他就设计出了平原，平原海拔通常在200米以下，这里地势平坦开阔，人们在此安居乐业。造型师认为有了平原还不够，他还设计出了高原，并将高原的海拔拔高到500米以上，为了凸显高原的"高"，造型师把高原的边缘"削"掉了，所以高原边缘通常比较陡峭。可是对于山地间、高原间连接处的平地，造型师却犯愁了，忽然他灵光一闪，将这类地形命名为盆地，盆地一般四周高中间低，就像洗脸盆子一样。这些不同的地形地貌相互搭配，造就了地球上千姿百态的造型，这些都归功于地球造型师！

湖南岳阳石牛寨
国家地质公园
丹霞地貌

高原

山地

平原

丘陵

二、地球造型师的手段

你们一定有一系列的疑问，这位神奇的地球造型师是怎样给地球做造型的？他什么时候给地球做造型？他现在还在辛勤地工作吗？我们看得见他吗？地球造型师主要采用两种方法改造地球：内力和外力。内力指内动力地质作用，外力则是外动力地质作用。地球造型师利用内力塑造了地球地貌的"筋骨"，然后利用外力来雕琢这些"筋骨"，让它们更加完美、精致。那么它们分别都有什么特点？哪些地貌是它们塑造的？我们一起来一探究竟！

地质作用示意图

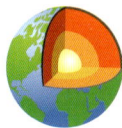

1.内动力地质作用

内动力地质作用是地球内部能量引起的，如构造作用、岩浆作用、变质作用等，这些都属于内动力地质作用。地球造型师通过在地球内部进行内动力地质作用，使得地球表层造型发生巨大变化，如火山喷发、海陆变迁等。

（1）构造作用

造型师通过构造作用，让地壳和岩石圈进行机械变形和变位，山脉形成、海洋抬升、陆地沉降，海陆发生变迁，这一系列的变化使得地球造型在漫长时间里发生了翻天覆地的改变，同时构造运动还使得岩层形成了褶皱与断层，让岩层披上了独一无二的"岩石花纹"。经过地质学家的研究，引起岩浆作用和变质作用的重要原因就是构造作用。此外，构造作用对表层地质作用的影响也很大，所以构造作用是地球造型师在改造地球地貌时最主要也是最重要的手段。

湖南省地质博物馆馆藏地质构造标本
——褶皱断裂

▲ 位于希腊克里特岛上的褶皱

　　构造作用可以使地球表层发生水平运动和垂直运动。当发生水平运动时，地壳和岩石圈就像漂浮在水面的木板，在地表缓慢运动，缓慢分离、靠拢挤压或者平移错开。部分岩层在水平运动时，会发生断裂与褶皱，甚至在某些区域形成巨大的褶皱山系。20世纪初，德国气象学家魏格纳通过观察，首次提出了大陆漂移假说。后来，大量地质学家深入研究，提出了板块构造学说，指出目前地球地壳大致分为六大板块，分别是亚欧板块、太平洋板块、印度洋板块、非洲板块、美洲板块、南极洲板块。通过先进的卫星影像获取的资料证实，这些板块目前仍在缓慢移动，但是这种缓慢移动是大家无法察觉和感知的。地球是目前唯一一个我们已知的会发生板块漂移的星球。

　　垂直运动通常与水平运动同时发生，具体表现为地壳或岩石圈大面积地上升或下降，或者升降交替运动。如科学家曾在喜马拉雅山脉发现了鱼龙、菊石等远古海洋生物化石，这就说明喜马拉雅山脉曾经是一片汪洋大海，通过构造作用，地面抬升，形成了现在的世界最高峰。造型师就是用这两种运动方式，奠定了我们现在看到的地球造型的基础。

（2）岩浆作用

如果说造型师的构造作用大家无法感知，那么岩浆作用大家一定很熟悉，电视节目或新闻报道中不时会出现某地区发生了火山喷发的消息，这其实就是岩浆作用的一种表现形式：喷出作用。还有的岩浆在移动过程中没有喷出地面，慢慢在地壳中冷却凝固，这个过程是岩浆作用的另一种表现形式：侵入作用。总的来说，岩浆从地幔或地壳深处，通过构造薄弱位置上升喷出地表或者滞留在地壳中，同时使围岩发生复杂的变化，最后冷凝固结成岩浆岩，整个过程就被称为岩浆作用。火山活动作为喷出作用的表现形式，它的活动规律和分布特征基本上可以代表岩浆作用的活动规律和特征。

喷出作用也叫作火山作用，当地球内心能量聚集到一定程度后，地球造型师将地球能量以岩浆和热量的形式宣泄到地表。它有时比较激动，在喷发时会带着强烈的爆炸现象；有时也会选择温和的方式，让岩浆像河流一样缓慢流淌出来。按照火山通道的形状，喷发方式可以分为裂隙式喷发和中心式喷发。当岩石圈产生较大断裂口或出现较长断裂带时，岩浆通过断裂口喷溢出地表，并形成长达数十公里的断裂带，这种就被称为裂隙式喷发。虽然叫喷发，实际叫流淌更为合适，这时的岩浆从裂隙处缓慢流出，有时候甚至可以绵延流淌几十万平方公里，可能比湖南省的面积还要大。

火山裂隙式喷发

当岩石圈出现两条交叉的断裂带，火山喷发物从交叉点处的中心喷出地面，这样的喷出形式我们称之为中心式喷发。中心式喷发有时还伴随着强烈的爆炸现象，根据爆炸的强弱程度还可以分为猛烈式、宁静式和递变式。当含气体较多、黏度大、流动慢且冷凝快的中酸性岩浆像"塞子"一样堵住了火山口，内部压力得不到释放，火山就会发生猛烈的爆炸，这就是猛烈式喷发。火山的猛烈式喷发一般会喷出大量气体、岩浆和岩屑，甚至还有部分炸碎的火山山头，这些物质从空中掉落下来，会给人类带来巨大灾害，1900多年前的维苏威火山爆发，摧毁了当时拥有2万多人的庞贝古城，火山喷发毫不留情地将庞贝文明在一夜之间从地球上抹掉了。夏威夷火山则是宁静式喷发的典型代表，人们可以在现场观看宁静溢出的岩浆。不过大多数火山喷发是猛烈式和宁静式有规律地交替出现的，这种形式被称为递变式喷发。

火山喷发下的庞贝古城

前面提到地球造型师在火山喷发时，会让大量气体、岩浆和岩屑跟着一起喷出，岩屑在喷发口附近逐渐堆积，形成锥状火山；岩浆持续流淌凝固再流动，形成了玄武岩、枕状熔岩、波状熔岩、块状熔岩等各种不同形态的岩石，这些都会对地表的形态变化产生影响。当发生侵入作用时，岩浆冷凝在地壳中变成了非常坚硬的岩石，如花岗岩，它们静静地躺在地壳中，等待着地球造型师的唤醒。

（3）变质作用

在黑暗的地下，高温、高压并存，看似坚硬的岩石在这种极端恶劣的情况下，其矿物组成、化学成分与岩石结构等方面也会发生变化，这种现象就叫作变质作用。比如在地球造型师的作用下，当岩石发生断层时，常因强大的、定向的压力作用将原本的岩石变质形成新的岩石，如片麻岩、大理岩等。

2. 外动力地质作用

前面提到，地球造型师在地球发生内动力地质作用时，打下了现在地球造型的基础，同时还埋下了许多伏笔，他通过外动力地质作用让这些伏笔慢慢显现出来，并精心地雕琢、修饰着地球的地貌。外动力地质作用是由地球外部力量引起的，包括大气、水和生物等因素，根据其作用特点分为风化作用、剥蚀作用、搬运作用和沉积作用。地球造型师通过外力"四部曲"，逐步打造出了今天我们所看到的大气磅礴却又精致细腻的地质地貌景观，那它们又分别有哪些特点呢？

（1）风化作用

风化作用无时无刻不在发生，地表上的任何事物都没办法逃离它的"毒手"。太阳暴晒、植物生长，都会产生风化作用。地球造型师通过风化作用，细细雕琢每一块石头、每一颗矿物。风化作用主要分为物理、化学、生物三种方式进行。

物理风化作用不会引起矿物、岩石物质成分的变化。最常见的就是昼夜温差引起的风化作用，由于岩石热量传播较慢，白天经过太阳的照射，岩石表面温度较高，但是内部温度上升较慢；晚上岩石表面降温较快，但是内部热量还未散去，就这样日夜不停地热胀冷缩，导致岩石表层与岩石内部出现了体积膨胀的差异，裂隙也就由此产生。随着时间的流逝，裂隙越来越大、越来越多，大块的岩石逐渐破裂成为一颗颗的小石块或小石球，例如花岗岩的球状风化。温差越大，这种风化作用就越明显，岩石破裂速度也会越快。

花岗岩的球状风化 ▲

岩石会"腐烂变质"吗？地球造型师的答案是：会。化学风化作用就是指岩石"腐烂"然后破碎的过程，这时岩石不仅是碎裂，其成分也会发生变化。岩石"腐烂"离不开水和空气的作用，水会带走岩石中部分易溶解的矿物质，使岩石中孔隙增加、硬度降低，发生破碎；氧化作用是自然界中最常见的化学作用，空气中含有的氧气同样也会跟岩石中的矿物质发生化学反应，并改变岩石的化学成分，从而影响岩石的物理性质。

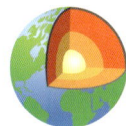

植物根系的生长、动物挖掘洞穴等生物活动，会使岩石形成裂隙导致破裂，发生物理风化作用；植物根系的吸收作用、动植物死亡后尸体的腐烂，会改变岩石的化学成分，使其发生化学风化作用，部分岩石形成土壤。所以物理、化学、生物三种风化作用并不是完全独立发生的，地球造型师利用它们互相产生影响，共同破坏岩石。

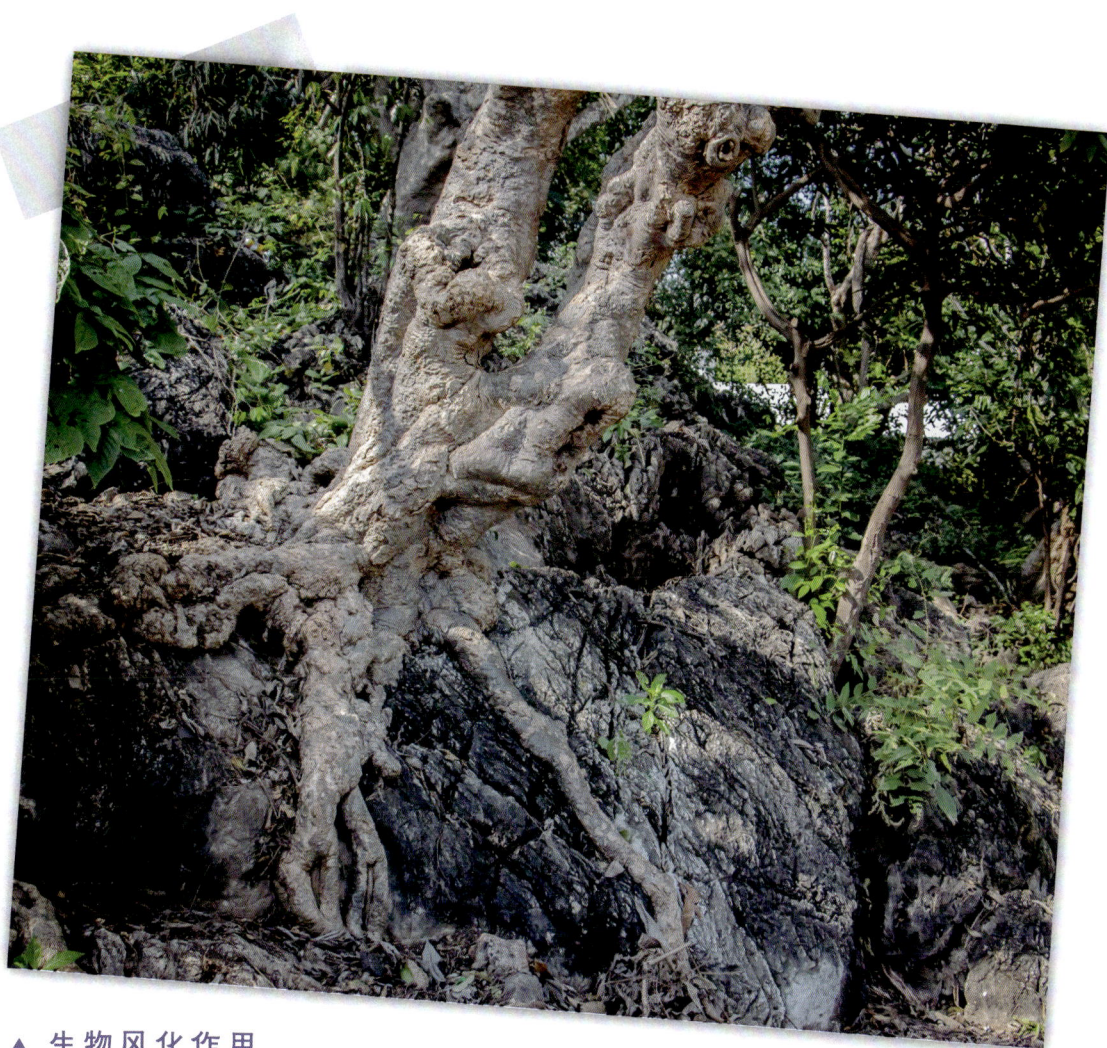

▲ 生物风化作用

（2）剥蚀作用

地表的岩石、矿物产生裂隙后，地球造型师利用风和水的力量，"强迫"部分岩石离开了它原本的地方，这种作用被称为剥蚀作用。剥蚀作用是地球造型师塑造地貌形态最重要的手段，根据作用力的不同，可以分为地面流水、地下水、海洋、冰川和风的作用等类型，其中地面流水作用是最常见的。

某一天倾盆大雨，这时地面流水的剥蚀作用开始了。有的雨水在山体斜面上形成面状流水，有的雨水在山体的沟谷中形成线状流水，两种形态的流水剥蚀着地表，从高处均匀流到低处然后汇聚到河流中。当天气放晴，降雨停止，这两种流水剥蚀作用就慢慢消失了，但是河流的侵蚀作用仍在继续。地球造型师利用夹杂在河流中的泥沙，对河床进行破坏，河床不断加深加宽，逐渐形成了"V"型谷或瀑布。越是落差大的地方，河流侵蚀作用越明显，如金沙江大峡谷，这种作用就叫作河流的下蚀作用。同时，地球造型师还会对河床两侧或者谷坡造成剥蚀破坏作用，这种作用叫作河流的侧蚀作用。河床的不平整或者河道的弯曲，都会造成河水流向的偏离，当河流进入弯道时，河流流向会偏向于凹岸，但由于凹岸的阻挡作用，河水的运动开始进入单向环流，携带泥沙沿着河床冲向凸岸，随着水流不断地侵蚀，凹岸越来越凹，凸岸不断堆积，河床变得越来越弯曲，例如黄河十八弯。相邻的河曲离得越来越近，当洪水期来临时，河水在河流弯曲处由于惯性作用，直接漫过河堤流入河流下游河道，导致中间河段形成一个独立的湖泊，这个湖泊因为形似牛轭所以被称为牛轭湖。

a

b

c

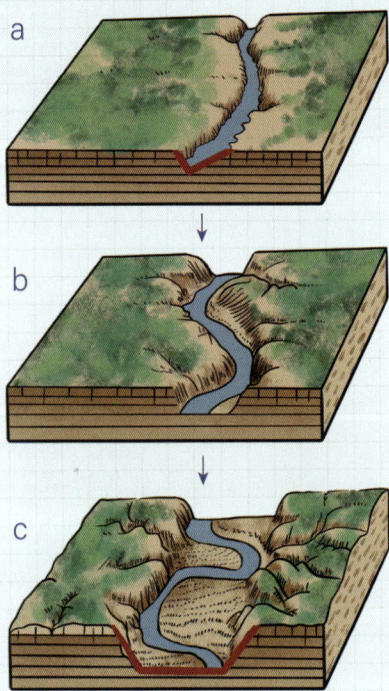

河流的侧蚀作用

牛轭湖

湖南郴州飞天山国家地质公园的流水侵蚀地貌

地下岩溶景观

地下水的侵蚀作用也不容忽视。因为地下空间受限，地下水流速比较缓慢，潜蚀作用较弱，但是经过日积月累的剥蚀，细小的砂石颗粒慢慢被冲刷走，岩石的空隙逐渐变大，地下水流也随之加大，流速增快，潜蚀作用加强，有的甚至可以形成大型地下洞穴，如果地面地表层松散，这些地方就容易发生坍塌。地下水含有较丰富的二氧化碳，对石灰岩或碳酸盐类矿物有较大的溶解能力，加之水流速度较慢，所以溶蚀作用特别明显，这样就形成了特殊的岩溶地貌。

地球造型师还会借助海水和海洋生物对海岸、海底岩石进行"塑形"，这种作用被称为海蚀作用。波浪、潮汐、洋流、浊流……这些奇妙而美丽的大海运动时刻都在剥蚀着海岸，特别是波浪和潮汐，它们时时刻刻拍打、冲击、磨蚀着海岸下部，将其掏空形成海蚀凹槽，越掏凹槽越大。当海岸上部的岩石再也支撑不住时发生坍塌，形成了陡峭的海蚀崖，然而海蚀作用还在继续，海蚀凹槽和海蚀崖不断更替，海岸带不断后退，海平面下的海岸带则被逐渐磨蚀成弧形的波切台，坍塌掉落在海里的岩石碎块沉积在海底，形成波筑台。海岸带在不断被磨蚀的过

程中，还会形成如海蚀穹、海蚀柱、海蚀桥等地形。除了海水的冲击磨蚀，海水的溶蚀和海洋生物活动的影响，也会对海岸带有破坏作用。

◀ 海蚀地貌

地球造型师另一把温柔的"刀"是风。由于风的作用，地表一部分细小的沙粒会被扬起，如沙漠地区地表植被稀少，大量沙粒与尘土被强风扬起，形成沙尘暴，会对人们的生产生活造成严重的危害。风携带沙粒越多，破坏力越强，除了毁坏我们生活的家园，还会对地面的岩石产生"破坏"作用，在一些常年刮风的地区，经常可以看到一些奇特的地形，这些都是地球造型师利用风打造出来的"杰作"，风蚀蘑菇就是他最典型的作品。

晶莹剔透的冰川世界就像童话一样美丽，可是在这个美丽的世界里，地球造型师也没有闲着。其实冰川长着一双"隐形的腿"，它在移动的过程中，会对身下的地面产生剥蚀作用，冰川剥蚀作用在冰川常年覆盖的地区非常常见。当冰川基岩出现裂缝时，冰川融水会慢慢渗入；当融水再次结冰时，裂缝中的碎石就这样被冰川给"挖"了出来。冰川包裹着碎石缓慢移动，碎石就像锉刀一样，磨蚀着它经过的地方，被冰川包裹着的碎石锉削过的地方或者岩石，常常会留下一些明显的痕迹，比如冰川擦痕、磨光面等。冰川的剥蚀作用也带来了一些独特的冰川剥蚀地貌形态，比如羊背石、冰斗、角峰、冰蚀谷等。

典型的冰川剥蚀地貌

（3）搬运作用和沉积作用

风化、剥蚀作用产生的碎屑和溶解物质，被地球造型师通过各种各样的作用力，移动到另一个地方，这个过程叫作搬运作用。风化、剥蚀作用产生后，受作用力的影响，搬运作用马上发生。区分地球造型师这三个外力作用的不同点，就是看作用产生的碎屑和物质有没有发生移动：如果仅仅只是出现了裂痕或裂隙，这是风化作用；如果出现了破裂，并掉落下来，这是剥蚀作用；如果这些掉落的物质转移到了另一个地方，就可以称为搬运作用。

地球造型师通过搬运作用将风化作用、剥蚀作用产生的碎屑和溶解物质转移到其他地方后，就停止了移动并逐步堆积、沉淀，这个就叫沉积作用。地球造型师通过沉积作用让江河形成心滩、三角洲；有了沉积作用，沙漠出现了沙丘，让原本无趣的一望无垠景观增添了连绵起伏的线条；有了沉积作用，海洋出现了珊瑚礁，鱼儿有了更多可以生息、繁衍的乐园。沉积作用更是地球造型师记录地球历程的重要手段，不同时期沉积物的成分略有差别，所以沉积物剖面上会呈现出成层现象，而同时期的动植物尸体也会因沉积作用被埋在地下，成为化石。沧海桑田，这些地层和化石就成了记录地球历史的书页和文字，向人们诉说着地球曾经走过的岁月故事。

湖南省桑植县芙蓉龙化石挖掘现场

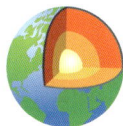

三、地球造型师的"误操作"

　　地球造型师在孜孜不倦打造地球造型的时候，可能会引发一些危害人类生产生活的灾害，这些灾害统称为地质灾害。随着人类改造自然的手段和科技越来越先进，改造行为越来越频繁，同样也会引起地质灾害。

　　由于地质灾害具有突发的特点，往往会造成严重的人员伤亡，带来巨大的经济损失，破坏性极强，所以人们通过各种各样的手段预测预防、躲避可能发生的地质灾害，如汉代科学家张衡发明了地动仪预测地震发生的方位，现代科学家则通过卫星云图、遥感影像等先进的技术手段对地质灾害进行精准的预测。当然，大自然也会在地质灾害发生前给出很多不同寻常的提醒，比如老鼠成群结队出来乱跑、家里养的狗突然惊恐不安、清澈的河水浑浊起来、河水发生了倒流的现象……遇到这些现象时千万不要慌张，迅速撤离现场才是最重要的事情。

　　地质作用引起的地质灾害类型主要包括地震、火山喷发、滑坡、崩塌、泥石流、地面塌陷、地面沉降、地裂缝等。湖南地区属于地质灾害多发区域，除地震和火山喷发外，其余都是湖南常见的地质灾害类型。

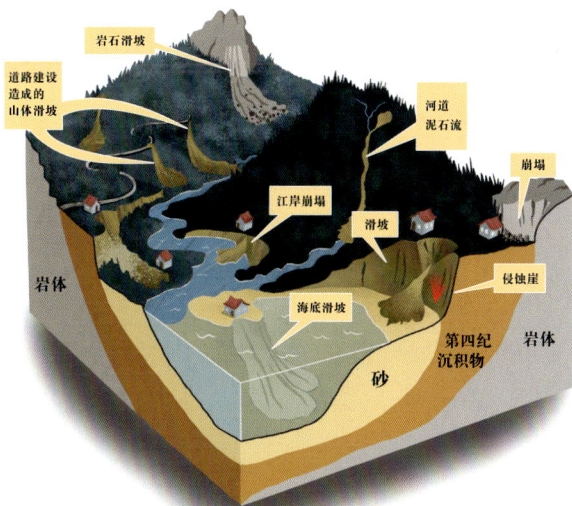

岩石滑坡

道路建设造成的山体滑坡

河道泥石流

崩塌

江岸崩塌

滑坡

侵蚀崖

岩体

海底滑坡

第四纪沉积物

砂

岩体

1. 滑坡

当我们在山里游玩时，会发现一些长满植物的山坡中间有一块地方只有光秃秃的泥巴，就像是树被剥掉了一块树皮，这块地方很有可能曾经发生过滑坡。为什么会有山坡被剥掉"山皮"呢？因为雨水、河流对坡脚的剥蚀，或者人类在山坡底不合理的挖掘，使原本松散的泥土或岩体失去坡脚的支撑力，整块"山皮"就顺着山坡滑落了下来，远远看上去就像是山坡在移动，所以滑坡也被形象地称为"走山""山剥皮"等。

滑坡作为山区主要的地质灾害之一，常常会给人民生命财产造成巨大的损失，特别是在公路、铁路等交通方面造成的危害巨大，如使得道路交通中断，甚至造成车毁人亡的惨剧。

滑坡灾害前后对比图

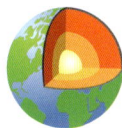

2. 崩塌

地球造型师通过风化作用，敲打着每块石头，风化的碎石掉落下来，这就是崩塌。一般坡度越大的地方，崩塌越容易发生。地面发生剧烈的震动如地震、长时间的连续降雨、人类不合理的行为如在陡坡坡脚处建设水库蓄水或泄水等，都会诱发崩塌活动。崩塌发生前除了能听见石头摩擦和碎裂的声音，还会出现小石头不断掉落的现象，在陡坡处活动时一定要提高警惕，尽快离开。崩塌的危害不仅仅是损坏建筑物、堵塞交通，还会使河流堵塞，淹没上游的建筑物和耕地，影响范围较大。

▲ 崩塌

3. 泥石流

泥石流大部分是由雨水冲刷造成的，暴雨、洪水夹杂着大量泥沙、石子，形成一种黏稠的泥浆，沿着山沟或陡坡向下快速流动。除了地表岩层被风化作用破坏等原因，人类滥砍滥伐，不合理的开荒、采矿等加重了水土流失，这也是泥石流频发的重要原因。泥石流经常爆发，且爆发时像脱缰的野马一样来势凶猛，响声如雷，并兼具滑坡、崩塌和洪水的多重破坏作用，所以它的危害更加严重。

▲ 泥石流

4.地面塌陷、地面沉降、地裂缝

内、外动力地质作用和人类破坏环境的行为，如过度抽取地下水、开采地下矿产等，还会导致地面塌陷、地面沉降、地裂缝等地质灾害。但是越来越多的事实证明，造成这三种地质灾害的最重要的原因，是人类的不合理行为，所以爱护环境，保护自然资源，维护生态平衡是我们刻不容缓的职责。

地裂缝

四、湖南奇特地貌造型知多少

地球造型师厚爱湖南这片沃土，在21.18万平方千米的土地上，聚集了山地、丘陵、平原和盆地等多种类型的地貌。湖南地形地貌就像是一个朝东北开口的不对称马蹄形，湖南的东边、南边、西边都是山地，北部是大块的平原，沃野千里，中部地区配备了丘陵地带，缓和了山地与平原之间的高度落差。地球造型师还在其间点缀了很多别具一格的特色地貌，让湖南地貌景观五步一景，十步一画。

1. 峰林奇景——张家界地貌

湖南西北地区有一处非常独特的地貌，集中分布了3000多座大小不一、形态各异的石英砂岩峰柱，峰柱高几十米至上千米。这些密集的峰柱高低错落，植被茂盛，中间穿插峡谷与溪流，令人赏心悦目，沉醉其中不可自拔，电影《阿凡达》中雄伟壮观的哈利路亚山原型便是取自这里。2010年11月，这处独特的地貌被国际地质学术界正式命名为"张家界地貌"。张家界地貌的奇俊秀美在世界山岳景观中极其罕见，被评为中国最美的山岳景观之一。张家界世界地质公园也是首批世界地质公园之一。

张家界地貌是如何形成的呢？在三亿八千万年前，湖南西北地区是一片汪洋大海，经过水流的搬运作用，大量松散的砂岩碎屑源源不断从别处流入这里并沉积。随着地壳运动，地面不断抬升，曾经的海洋变成了陆地。亿万年的雨水剥蚀、风化作用等外动力地质作用开始了，地球造型师运用这些地质作用细心打磨这块独特的地方，台地变方山，方山慢慢变成石墙，石墙又变成了一个个独立的山体，最终形成了今天的张家界地貌。由于张家界地貌发育过程完整，演变过程清晰，在砂岩地貌景观中具备系统性、完整性、自然性、稀有性和典型性等特点，具有非常高的旅游价值和科研价值。

▲ 张家界地貌

2. 灿若明霞——丹霞地貌

　　丹霞地貌是以陡崖坡为特征的红层地貌。通过水流的搬运作用，富含红色氧化铁的碎屑物质流入并沉积，经过构造作用地面整体抬升，地球造型师用风和雨水细细地打磨，以方山、石墙、石柱为主要造型的赤壁丹崖丘陵景观就这样形成了，其中红色陡崖坡是丹霞地貌最重要的特征。红色岩石由于氧化程度的不同，颜色表现为深浅不一的红色，植被在峰顶、峰腰、峰脚不经意地点缀，在阳光的照射下，丹霞地貌就像彩霞一般，光彩夺目，熠熠生辉。

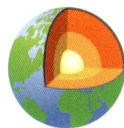

湖南的崀山国家地质公园是中国面积最大、发育最美的丹霞地貌区之一。相传舜帝南巡到此处，发现这里的风景优美，曰"山之良也"，所以取名为崀山。崀山是世界上壮年期密集峰丛峰林型丹霞地貌的典型代表，中国丹霞地貌26种景观类型在崀山均有分布，并且其地貌的发育阶段和过程都十分完整清晰，这在国内甚至是国际上都十分罕见。因此崀山被称为"丹霞之魂，国之瑰宝"，并于2010年8月被批准列入世界自然遗产名录。

崀山辣椒峰 ▸

3.洞中奇景——喀斯特地貌

地球造型师不仅能够改变地面上的地貌，还会通过地下水的剥蚀作用打造地面下的地貌。地表水和地下水对可溶性岩石的破坏和改造过程中形成的地表形态和地下形态统称为岩溶地貌，又叫喀斯特地貌。

喀斯特地貌在中国分布最广，除溶洞、地下河等地貌特征外，还能通过地表上的石芽、溶沟、落水洞、溶蚀洼地等特征辨别其地貌类型。由于喀斯特地貌发育有丰富的地下管道，地表水下渗，就被这些庞大的地下水管道迅速"吸"走，导致地表严重缺水，干旱频发，能够种植庄稼的土地也十分有限，加上地形复杂、交通不便，"喀斯特贫困"由此而来。但是壮观的落水洞、神秘的溶洞群、不计其数的瀑布与地下暗河构成了完整的岩溶水文系统，这一独特的自然资源如今成了让人心驰神往的旅游景观，"喀斯特贫困"已然不再。

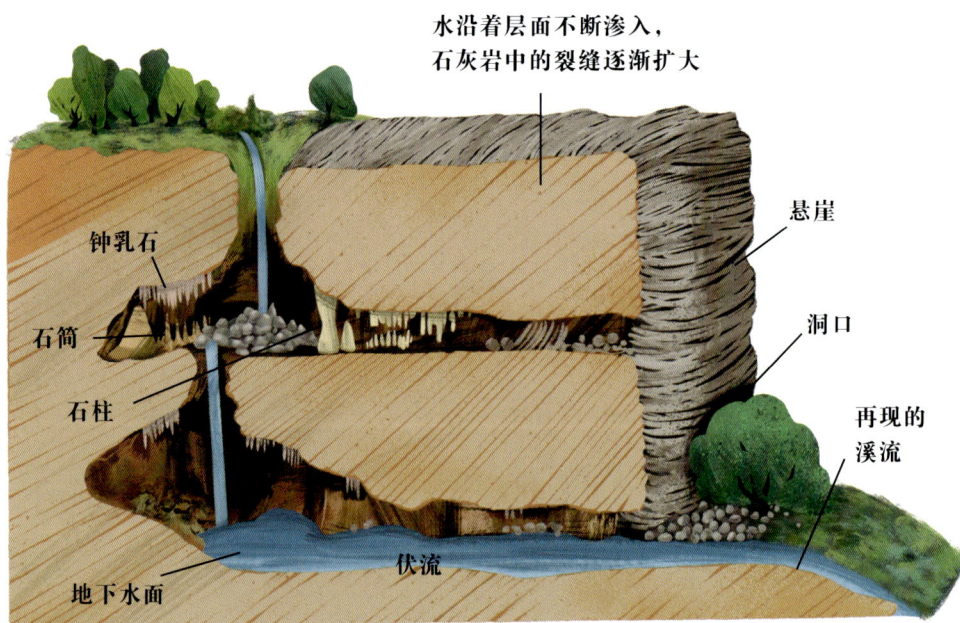

水沿着层面不断渗入，石灰岩中的裂缝逐渐扩大

钟乳石

石笋

石柱

悬崖

洞口

再现的溪流

伏流

地下水面

岩溶水文系统

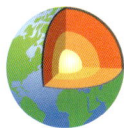

湖南凤凰国家地质公园就是曾经"穷山"中飞出的"金凤凰"。公园内已经开发的较大溶洞有30多个，这些洞内有细如发丝、密如蛛网的乳白色石帘，曾经因为被误认为是恐龙化石，结果竟是化学沉积物而轰动一时，被央视新闻频道等多家媒体竞相报道；还有各类形态各异，密集、壮观的钟乳石。一座座地下艺术宫殿、"海底世界"，鬼斧神工一般。除了溶洞景观称奇，湖南凤凰国家地质公园还有一个突出特征就是峡谷密集，大约每平方千米发育峡谷0.9千米，峡谷发育密度非常高。峡谷胜景、峰林美景、瀑布流泉、洞府奇观等共同构成了一幅绚丽多彩的天然画卷。

▲ 湖南凤凰国家地质公园溶洞景观

　　自地球形成以来，地球造型师在漫长的地质历史过程中，从不间断地雕琢着地球的地表形态，斗转星移，沧海桑田。人类只是这地球历史长河中的短暂来客，即便如此，我们也依然要对这位地球造型师报以最诚挚的感谢，感谢他造就了这片美丽神奇的大地。同时我们也应该从现在开始、从自己开始，保护好这片唯一的人类家园。